▲ 使用"色阶"命令制作更加鲜明的图像

▲ 使用多种图像选择工具制作漫画图像　▲ 酷玩舞坛

Super Star

We know the good, we apprehend it clearly,
but we can't bring it to achievement. To persevere,
trusting in what hopes he has, is courage in a man.

▲ Super Star

▲ 利用魔术橡皮擦工具更换图像背景

▲ 删除图层/调节不透明度

▲ 香水人生

▲ 为人物脸部添加文身效果

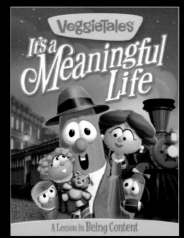

▲ 神奇的魔棒工具

▲ 利用多边形套索工具创建选区

▲ 使用矩形选框工具制作照片的边框

▲ 应用Photomerge功能制作全景照片

▲ 使用移动工具移动图像　　　　　　▲ 制作黑白照片

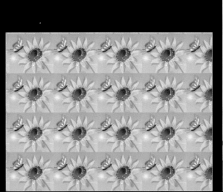

▲ 使用图案图章工具制作无限连接图像　　▲ 沿路径排列文字

▲ 调整照片颜色

▲ 使用图层锁定功能

▲ 制作文字变形效果

▲ 使用图章工具复制图像

▲ 使用历史记录艺术画笔工具

▲ 使用油漆桶工具填充图案

最新多媒体版

Photoshop CS5
从入门到精通

王之纲 孙 瑜 / 编著

科学出版社

内 容 简 介

本书由国内资深平面设计专家精心编著，是一本专业讲解Photoshop各项重要功能及应用的技术手册。全书共分为Photoshop CS5的相关基础知识、熟悉Photoshop CS5的工具、掌握Photoshop CS5的菜单命令、综合实例4个部分，由浅入深，带领读者进入全新的图片处理世界。这种新颖不仅来自Photoshop CS5全新的软件功能，同时也来自书中新颖的体例结构和讲解方式，更方便读者的学习和使用。同时本书配有相关的多媒体教学视频、完整的教案与演示文件，可以帮助读者轻松地使用本书。

图书在版编目（CIP）数据

Photoshop CS5 从入门到精通： 最新多媒体版/王之纲，孙瑜编著.—北京：科学出版社，2011.10

ISBN 978-7-03-032283-8

Ⅰ．①P… Ⅱ．①王… ②孙… Ⅲ．①图像处理软件，Photoshop CS5—技术手册 Ⅳ．①TP391.41-62

中国版本图书馆 CIP 数据核字（2011）第 182127 号

责任编辑：徐兆源　薛育丛 / 责任校对：杨慧芳
责任印刷：新世纪书局　　　/ 封面设计：书里书外设计工作室 李佳琳

科 学 出 版 社 出版

北京东黄城根北街 16 号
邮政编码：100717
http://www.sciencep.com

中国科学出版集团新世纪书局策划

北京天颖印刷有限公司印刷

中国科学出版集团新世纪书局发行　　各地新华书店经销

*

2011 年 11 月 第 一 版　　　　开本：16 开
2011 年 11 月第一次印刷　　　　印张：16.75
印数：1—5 000　　　　　　　　字数：407 000

定价：49.90 元（含 1DVD 价格）

（如有印装质量问题，我社负责调换）

前　言

无所不能的Photoshop

Adobe公司推出的Photoshop软件是当前功能最强大、使用最广泛的图形图像处理软件,它以其领先的数字艺术理念、可扩展的开发性以及强大的兼容能力,广泛应用于电脑美术设计、数码摄影、出版印刷等诸多领域。Photoshop CS5新增了Mini Bridge浏览器、全新画笔系统、智能修改工具,增强了内容识别填色功能、图像变形功能与3D功能,给用户带来了极大便利。

经典Photoshop教程

本书由国内资深平面设计专家精心编著,是一本全面讲述Photoshop各项功能及其应用方法的技术手册。全书以Photoshop CS5的相关基础知识、Photoshop CS5的工具、Photoshop CS5的菜单为主线,带领读者步步深入,精通Photoshop CS5的所有功能。我们充分考虑了读者的学习习惯、实际应用特点,设计了独特的内容结构与讲解方式,学练结合,全面提升读者的设计与制作水平。

● 范例操作: 在介绍技术的同时,本书穿插33个真实设计案例,将笔者丰富的实践经验传授给读者,使读者的Photoshop应用水平得到质的飞跃。

● 相关知识: 对Photoshop的重点知识进行细致的阐述和深入探讨,在掌握这些信息后,读者将会对Photoshop的核心操作有全面的了解和体验。

● 更进一步: 讲解了诸多Photoshop的高级应用技巧和实用技能,更进一步地提高读者的实际操作能力,以帮助读者将这些技巧运用到实际项目上。

精彩超值DVD

本书还为读者准备了精彩超值的DVD,包括海量的精美设计素材与配套多媒体视频教学。

● 配套多媒体视频教学: 100分钟与本书内容一体化的视频教学录像,全方位展示案例操作的所有细节。

● 精美丰富的设计素材: 800幅高清晰材质纹理图片,1000种常用图像动作,3000种精美样式,1500种设计形状元素,8000种笔刷以及墨迹,可满足各类设计人员的实际工作需求。

本书面向广大Photoshop CS5的初、中级用户,书中包含Photoshop初学者必须掌握的所有知识,以及可以帮助中级用户进一步提升制作水平的相关技能。由于时间和精力有限,书中难免有不足之处,敬请广大读者批评指正。

编　者

目 录

Photoshop CS5的相关基础知识

熟悉Photoshop CS5的工具

掌握Photoshop CS5的菜单命令

Chapter 03

04 "图层"菜单   178

05 "选择"菜单   187

06 "滤镜"菜单   194

Chapter 04

综合实例

考虑到读者的学习习惯与便利，本书采用了特殊的编排方式，请读者在学习本书前先阅读此部分内容。书中含有"范例操作"、"经典案例"、"提示"、"更进一步"等内容，帮助读者更清晰地掌握操作技能。

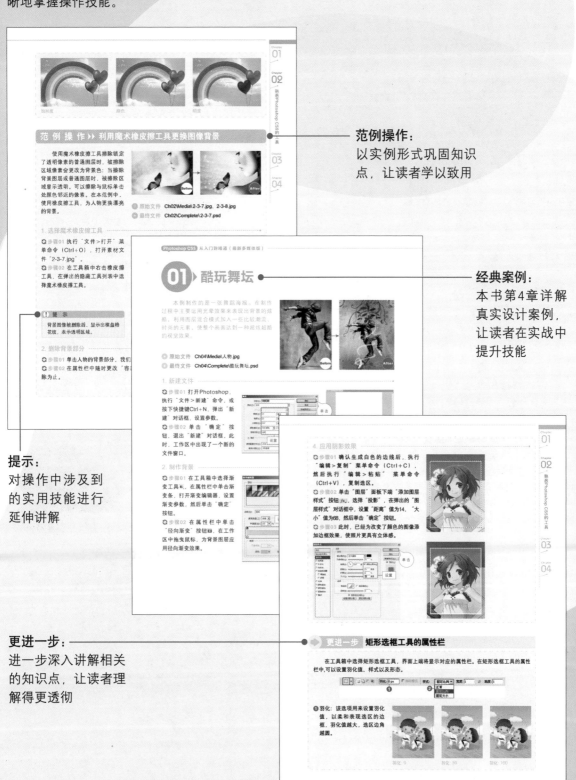

范例操作：
以实例形式巩固知识点，让读者学以致用

经典案例：
本书第4章详解真实设计案例，让读者在实战中提升技能

提示：
对操作中涉及到的实用技能进行延伸讲解

更进一步：
进一步深入讲解相关的知识点，让读者理解得更透彻

CHAPTER

01

Photoshop
CS5的相关
基础知识

初识Photoshop CS5

在计算机艺术领域，没有什么软件比Photoshop使用得更广泛了，不管是广告创意、平面构成、三维效果还是后期处理，Photoshop都是最佳的选择。尤其是在印刷品的图像处理方面，Photoshop更是无可替代的专业软件。本章我们主要介绍Photoshop CS5的操作界面及其应用领域。下面我们就来了解一下Photoshop CS5处理照片的艺术效果。

▶▶ 无限创意的Photoshop CS5

Photoshop CS5为摄影师、画家以及广大的设计人员提供了许多实用的功能，就像我们用五颜六色的画笔在纸上绘出美妙的图画一样，Photoshop工具帮我们将自己的想法以图像的形式表现出来。从修复数码照片到制作出精美的网络图片，从简单图案设计到专业印刷设计或网页设计，Photoshop无所不能。

我们可以将一张用数码相机拍摄的照片导入Photoshop中，根据需要处理成各种风格的图像，很方便、快捷地制作出艺术效果，这给我们的生活添加了许多风采。

原图

半调图案效果

镜头光晕效果

彩色铅笔效果

塑料包装效果

波浪效果

▶▶ 无所不能的Photoshop

在Photoshop中我们可以对图像进行粘贴、擦除、拼合等操作。利用仿制图章功能可以快速删除下图中的白鸽和太阳，并自动补上缺口，此功能可用来删除照片中某个区域(例如不想显示在照片里的物体)，即使是复杂的背景也可以轻松删除。

原图　　　　　　　　　　　　　　　　　　　编辑后的图像效果

在Photoshop中我们还可以为图片添加各式各样的效果，从而制作海报、杂志封面、宣传页。

原图1

处理之后的效果1

原图2

处理之后的效果2

　　在日常生活或在公司设计业务中，好的设计灵感将会使作品更上一层楼。在科技发展迅速的今天，网络已经成为了一个重要的信息平台，网页中的各种图形元素与Photoshop息息相关。

网站主页1

网站主页2

02 ▶ Photoshop CS5的操作界面

运行Photoshop CS5以后，可以看到用来进行图形操作的各种工具、菜单以及面板。本节我们将学习Photoshop CS5的所有构成要素，包括工具、菜单和面板。

▶▶ 了解Photoshop CS5的操作界面

Photoshop CS5的界面主要由工具箱、菜单栏、面板和编辑区等组成。如果我们熟练掌握了各组成部分的基本功能，就可以自如地对图形图像进行操作。

Photoshop CS5的操作界面

❶ 快速切换栏：单击其中的按钮后，可以快速改变视图显示方式，比如切换到全屏模式，调整显示比例，显示网格、标尺等。

单击■按钮后显示Bridge面板

单击■按钮后显示网格效果

❷ 工作区切换器：可以快速切换到所需的工作区，包括"基本功能"、"设计"、"绘画""摄影"等。

切换到"设计"工作区

切换到"摄影"工作区

❸ 菜单栏：菜单栏由11类菜单组成，单击带有▶符号的命令，会弹出下级菜单。

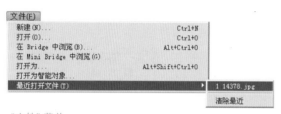

"文件"菜单

❺ 工具箱：工具箱中集合了最常用的工具，单击带有◢符号的工具，将显示隐藏工具列表。

魔棒工具组

❼ 图像窗口：图像窗口中显示Photoshop中操作的图像的窗口。在标题栏中显示文件名称、文件格式、缩放比例以及颜色模式。

图像窗口

❹ 属性栏：在属性栏中可设置在工具箱中所选工具的各选项。根据所选工具的不同，属性栏提供的选项也有所区别。

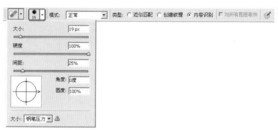

污点修复画笔工具的属性栏

❻ 状态栏：状态栏位于图像下端，显示当前编辑的图像文件的大小以及图片的其他信息。

状态栏

❽ 面板：为了方便用户使用Photoshop的各项功能，以面板形式提供各类功能。

"导航器"面板

▶▶ 了解工具箱

　　启动 Photoshop 时，工具箱显示在屏幕左侧。通过工具箱中的工具，可以输入文字、选择对象、绘画、编辑对象、注释和查看图像，或对图像进行取样。用户可以展开某些工具，以查看它们后面的隐藏工具。工具图标右下角的小三角形表示存在隐藏工具。将鼠标指针放在工具上，可以查看该工具的相关信息。工具的名称将出现在鼠标指针下面的提示中。

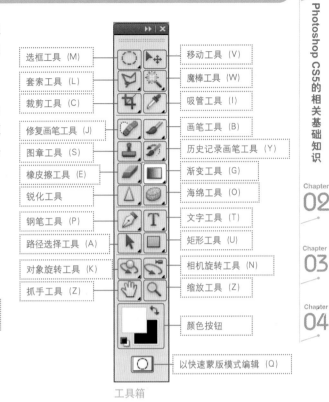

工具箱

▶▶ 工具箱中的隐藏工具

　　工具箱把相似的工具集合在一起，以工具列表的形式隐藏起来，在需要使用隐藏工具时，单击带有小三角的工具按钮即可显示隐藏工具列表，选择需要的工具即可。

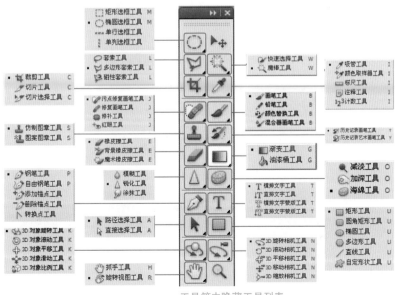

工具箱中隐藏工具列表

　　隐藏工具列表中的工具具有类似的功能或特点，但也有明显的区别，下面列出了所有隐藏工具以及对应的功能。工具箱中的工具使用率非常高，所以请读者认真学习此部分内容。只有熟悉了常用工具，才能更高效地进行操作。

工具	说明	工具	说明
矩形选框工具 M 椭圆选框工具 M 单行选框工具 单列选框工具	矩形选框/椭圆选框/单行选框/单列选框：用于创建矩形或椭圆选区	套索工具 L 多边形套索工具 L 磁性套索工具 L	套索/多边形套索/磁性套索：用于创建曲线、多边形或不规则形态的选区
裁剪工具 C 切片工具 C 切片选择工具 C	裁剪/切片/切片选择：在制作网页时，用于裁剪/切割图像	污点修复画笔工具 J 修复画笔工具 J 修补工具 J 红眼工具 J	污点修复画笔/修复画笔/修补/红眼：用于复原图像或消除红眼现象
仿制图章工具 S 图案图章工具 S	仿制图章/图案图章：用于复制特定图像，并将其粘贴到其他位置	橡皮擦工具 E 背景橡皮擦工具 E 魔术橡皮擦工具 E	橡皮擦/背景橡皮擦/魔术橡皮擦：用于擦除图像或用指定的颜色替换图像
模糊工具 锐化工具 涂抹工具	模糊/锐化/涂抹：用于模糊处理或鲜明处理图像。	钢笔工具 P 自由钢笔工具 P 添加锚点工具 删除锚点工具 转换点工具	钢笔/自由钢笔/添加锚点/删除锚点/转换点：用于绘制、修改或对矢量路径进行变形
路径选择工具 A 直接选择工具 A	路径选择/直接选择：用于选择或移动路径和形状	3D 对象旋转工具 K 3D 对象滚动工具 K 3D 对象平移工具 K 3D 对象滑动工具 K 3D 对象比例工具 K	3D对象旋转/3D对象滚动/3D对象平移/3D对象滑动/3D对象比例：用于制作一些立体三维效果，凸出并膨胀其表面
抓手工具 H 旋转视图工具 R	抓手/旋转视图：用于拖动或旋转图像	快速选择工具 W 魔棒工具 W	快速选择/魔棒：可以快速地选择颜色相近并且相邻的区域
吸管工具 I 颜色取样器工具 I 标尺工具 I 注释工具 I 计数工具 I	吸管/颜色取样器/标尺/注释/计数：用于去除色样或者度量图像的角度或长度，并可插入文本	画笔工具 B 铅笔工具 B 颜色替换工具 B 混合器画笔工具 B	画笔/铅笔/颜色替换/混合器画笔：用于表现毛笔或铅笔效果
历史记录画笔工具 Y 历史记录艺术画笔工具 Y	历史记录画笔/历史记录艺术画笔：用于记录操作步骤，恢复之前的状态	渐变工具 G 油漆桶工具 G	渐变/油漆桶：用特定的颜色或者渐变进行填充
减淡工具 O 加深工具 O 海绵工具 O	减淡/加深/海绵：用于调整图像的色相和饱和度	横排文字工具 T 直排文字工具 T 横排文字蒙版工具 T 直排文字蒙版工具 T	横排文字/直排文字/横排文字蒙版/直排文字蒙版：用于横向或纵向输入文字或文字蒙版
矩形工具 U 圆角矩形工具 U 椭圆工具 U 多边形工具 U 直线工具 U 自定形状工具 U	矩形/圆角矩形/椭圆/多边形/直线/自定形状：用于创建矩形、椭圆、多边形等形状	3D 旋转相机工具 N 3D 滚动相机工具 N 3D 平移相机工具 N 3D 移动相机工具 N 3D 缩放相机工具 N	3D旋转相机/3D滚动相机/3D平移相机/3D移动相机/3D缩放相机：用于控制3D相机的位置、角度、旋转等

▶▶ 了解面板

　　面板汇集了图像操作常用的选项或功能。在编辑图像时，选择工具箱中的工具或者执行菜单栏中的命令以后，可以使用面板进一步细致调整各选项，也可以将面板中的功能应用到图像上。Photoshop CS5中根据各种功能的分类提供了如下面板。

3D面板：可以为图像制作出立体空间的效果

"调整"面板：该面板可对图像效果及各参数进行调整

"导航器"面板：通过放大或缩小图像来查找指定区域

测量记录

"测量记录"面板：该面板可以为列中的数据排序，删除行或列，或者将记录中的数据导出到逗号分隔的文本文件中

"段落"面板：该面板可设置文本段落相关的选项。可调整行间距，增加缩进或减少缩进等

"动作"面板：利用该面板可以一次完成多个操作过程。记录操作顺序后，在其他图像上可以一次性完成整个过程

"仿制源"面板：该面板中包含仿制图章与修复画笔工具的选项。可以设置五种不同的样本源并在应用时快速选择所需的样本源

"字符"面板：在编辑或修改文本时，该面板提供相关的参数。在此面板中可以设置文字大小和间距、颜色、字距等

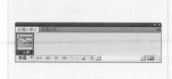

"动画"面板：利用该面板可制作动画效果

"路径"面板：该面板可对路径进行相关操作，并可将选区转为路径，或者将路径转换为选区

"历史记录"面板：该面板用于恢复操作过程，将图像操作过程按顺序记录下来

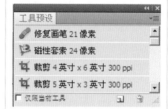

"工具预设"面板：在该面板中可保存常用的工具。可以将相同工具保存为不同的设置状态，从而提高操作效率

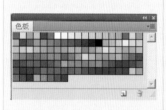

"色板"面板：该面板用于保存和选用常用的颜色

"通道"面板：该面板用于管理颜色信息或者利用通道指定选区

"图层"面板：该面板用于图层的相关操作，并可以设置图层图像的不透明度和混合模式

"信息"面板：该面板以数值形式显示图像信息。将鼠标指针移到图像上，面板中即会显示相关的信息

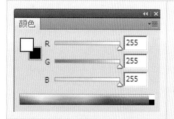

"颜色"面板：用于设置背景色和前景色。可通过拖动滑块指定颜色，也可输入颜色值指定颜色

"样式"面板：用于管理与应用预设样式。只要单击样式即可应用样式至图像上

"直方图"面板：在该面板中可以看到图像的色调分布情况。图像的颜色分为最亮的区域（高光）、中间区域（中间色调）和暗淡区域（暗调）3部分

范 例 操 作 ▶▶ 图像窗口操作

　　图像窗口操作是Photoshop的基础操作，包括打开、移动、最小化、最大化以及关闭图像窗口。

1. 打开文件

◎ **步骤01** 运行Photoshop后，在菜单栏中执行"文件>打开"命令（Ctrl+O）。

◎ **步骤02** 弹出"打开"对话框，在文件夹中选择文件，此处选择"1-2-3.jpg"，单击"打开"按钮。

2. 移动并最小化图像窗口

◎ **步骤01** 所选图像显示在画面中。若要将图像移动到指定位置，则单击图像窗口的标题栏并拖动。

◎ **步骤02** 若想暂时隐藏图像窗口，则单击图像窗口右上方的"最小化"按钮。

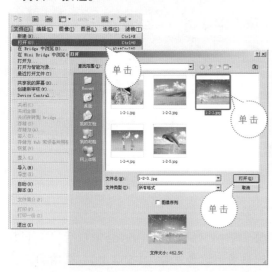

3. 最大化窗口

◎ **步骤01** 图像窗口最小化时只显示标题栏，位于画面的左下方，单击"最大化"按钮。

◎ **步骤02** 此时图像窗口即正常显示。

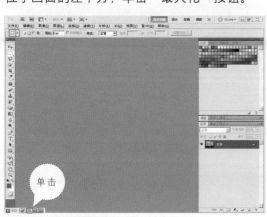

4. 利用Bridge打开图像

🔄 **步骤01** 利用Bridge打开图像，可以先查看其缩略图再选择打开。选择"文件 > 在Bridge中浏览"菜单命令（Alt+Ctrl+O）可以打开Bridge窗口。

🔄 **步骤02** 弹出Bridge窗口，在左侧树形结构的文件夹列表中选择含有"1-2-3.jpg"图像文件的文件夹。双击"1-2-3.jpg"文件，即可将其打开。

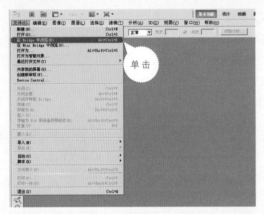

❗ **提 示**

也可直接在快速切换栏中单击Bridge按钮，快速打开Bridge窗口。

5. 利用Mini Bridge打开图像

🔄 **步骤01** 选择"文件 > 在Mini Bridge中浏览"菜单命令，可以打开Mini Bridge窗口。

🔄 **步骤02** 弹出Mini Bridge窗口后，在上方的目录中选择含有"1-2-3.jpg"图像的文件夹，双击该图像，即可打开。

❗ **提 示**

也可直接在快速切换栏中单击Mini Bridge按钮，打开Mini Bridge窗口。

6. 关闭Mini Bridge窗口

🔄 **步骤01** 此时，"1-2-3.jpg"显示在独立的图像窗口中。

🔄 **步骤02** 单击Mini Bridge右上方的扩展按钮 ，选择"关闭"命令即可将Mini Bridge窗口关闭。而利用Bridge命令打开图像后，Bridge窗口会自动关闭。

范 例 操 作 ▶▶ 调整工具箱和面板

　　在Photoshop中可以随意移动工具箱和面板，也可以调整面板大小，将面板移动到不妨碍操作的位置，或者将面板隐藏。

1. 移动工具箱和面板

🔄 **步骤01** 打开图片文件"1-2-4.jpg"。在Photoshop中可根据操作需要，调整工具箱和面板的位置。单击工具箱上方的标签，按住鼠标左键可将其拖动到任意位置。

🔄 **步骤02** 同样，单击面板的标签，按住鼠标左键也可以将其移动到其他位置。

🔄 **步骤03** 在工具箱和面板的移动过程中，工具箱和面板透明显示，当移到合适位置时，释放鼠标左键，即正常显示。

2. 恢复工具箱和面板的原位置

要想把工具箱和面板重新放回原位置，选择"窗口＞工作区＞基本复位功能"菜单命令，工具箱和面板即恢复初始位置。

3. 将工具箱分成两列显示

有的用户习惯于将工具箱分成两列显示，单击工具箱左上角的 按钮，即可使工具箱分成两列显示。

4. 关闭不需要的面板

要关闭不需要的面板时，单击面板中的"关闭"按钮即可。

5. 重新显示面板

　　将不需要的面板隐藏，可以在界面中留出更大的操作区域，提高工作效率。若想再次显示隐藏的面板，则在"窗口"菜单中选择相应的面板名称即可。在本例中，我们将显示"段落"面板。选择"窗口＞段落"菜单命令。

6. 调整面板大小

🔄 **步骤01** 下面来调整"段落"面板的大小。单击面板标签，按住鼠标左键拖动到右边。

🔄 **步骤02** 将鼠标指针移到面板的边缘，指针变为↕形状，按住鼠标左键并拖动即可。

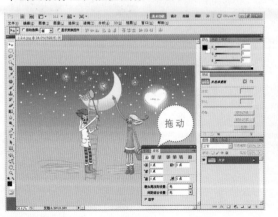

范例操作 ▶▶ 组合/拆分/切换面板

　　面板操作主要包括组合、拆分与切换面板，这也是Photoshop的基础操作，只有学会基本的面板操作，才能在图像处理过程中更快地应用需要的功能。

1. 组合面板

⟳ **步骤01** 打开图像文件"1-2-5.jpg"。为进一步提高工作效率，可将常用的面板组合到一个面板组中，下面将组合"图层"面板、"字符"面板和"段落"面板。首先单击"图层"面板的标签。

⟳ **步骤02** 按住鼠标左键将其拖到"字符"面板组中。"图层"面板即移到了"字符"面板旁边。

2. 拆分面板

⟳ **步骤01** 单击"字符"面板的标签，按住鼠标左键将其拖动到画面的左侧。

⟳ **步骤02** 此时可以看到"字符"面板从原面板组中分离出来，形成了独立的面板。

3. 切换面板

⟳ **步骤01** 为了方便、快速地使用面板，可以在面板间进行切换。当面板标签显示为白色时，表示处于激活状态；标签显示为灰色时，表示处于隐藏状态。

⟳ **步骤02** 这里显示的"图层"面板为当前正在使用的面板，若要对"通道"面板进行操作，则直接单击"通道"面板标签。

范 例 操 作 ▶▶ 创建新文件并保存

　　在Photoshop中经常需要新建文件和保存文件，在新建文件时可以设置图像大小、分辨率、背景色、名称等。

1. 创建新文件

🔄 **步骤01** 执行"文件 > 新建"菜单命令（Ctrl+N）。

🔄 **步骤02** 在弹出的"新建"对话框中可设置新文件的大小。

🔄 **步骤03** 采用默认的新建文件名称，即"未标题-1"，然后将文件的宽度设为900，高度设为700，单位为"像素"，单击"确定"按钮。

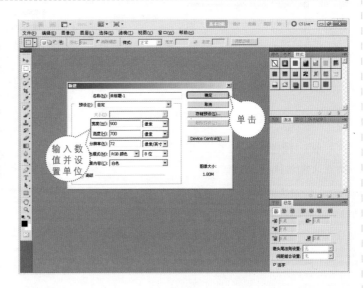

2. 查看文件窗口

🔄 **步骤01** 界面中出现了新的图像窗口。

🔄 **步骤02** 新文件的宽为900像素，高为700像素，白色区域为操作区域。

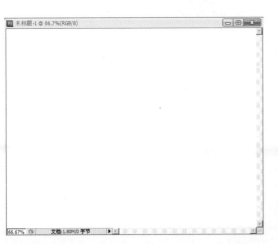

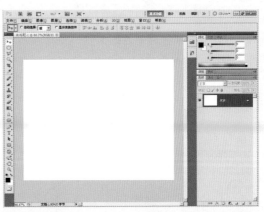

3. 选择文件大小

🔄 **步骤01** 选择Photoshop中提供的预设图像尺寸，也可以制作出大小各异的图像。执行"文件 > 新建"菜单命令，弹出"新建"对话框。

🔄 **步骤02** 单击"预设"下拉按钮，在下拉列表框中选择"国际标准纸张"选项。

🔄 **步骤03** 在"大小"下拉列表中选择A3。

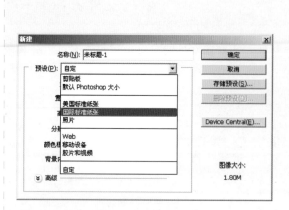

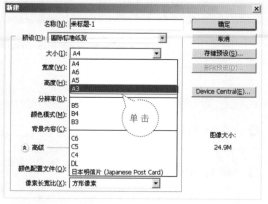

4. 设置颜色配置文件

在"颜色配置文件"下拉列表框中，为新建文件选择一种模式。

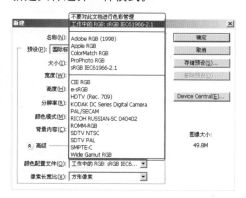

5. 设置像素长宽比

单击"像素长宽比"下拉按钮，可根据需要选择一种长宽比模式。

6. 保存文件

🔄 **步骤01** 若要保存新建的文件，则选择"文件＞存储为"菜单命令（Shift+Ctrl+S）。

🔄 **步骤02** 在弹出的"存储为"对话框中输入文件名，并在"格式"下拉列表框中选择文件格式。此处将"文件名"设置为001，并选择JPEG文件格式。单击"保存"按钮。

7. 设置图像的画质

在弹出的"JPEG选项"对话框中可设置图像的画质。为了缩小文件的容量，将"品质"设为"高"，然后单击"确定"按钮。

8. 关闭文件

🔄 **步骤01** 执行"文件 > 关闭"菜单命令（Ctrl+W）或者单击图像窗口右上方的"关闭"按钮，即可关闭当前文件窗口。

🔄 **步骤02** 用同样的方法关闭之前制作的图像。

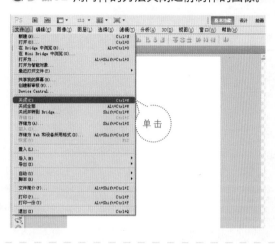

单击

CHAPTER

02

熟悉Photoshop
CS5的工具

选择工具

打开Photoshop后，我们最常用的便是选择工具了。只有在Photoshop中对图像进行选择，才能应用Photoshop的编辑功能。下面我们来学习选择工具的使用方法和对选定的区域进行简单编辑的方法。

▶▶ 选区的创建工具

如果要对图片进行操作，首先必须对图片进行选择，只有选择了合适的操作范围，对选择的区域进行编辑，才能达到理想的图像效果。接下来，我们将详细介绍Photoshop CS5提供的选择工具。

选框工具: 用于设置矩形或圆形选区	■ [] 矩形选框工具 M ○ 椭圆选框工具 M ⚏ 单行选框工具 ▮ 单列选框工具	矩形选择工具: 快捷键为M 椭圆选框工具: 快捷键为M
套索工具: 用于设置曲线、多边形或不规则形态的选区	○ 套索工具 L ▽ 多边形套索工具 L ■ ▷ 磁性套索工具 L	套索工具: 快捷键为L 多边形套索工具: 快捷键为L 磁性套索工具: 快捷键为L
移动工具: 用于移动选区图像	▶⊹	移动工具: 快捷键为V
魔棒工具: 用于将颜色值相近的区域指定为选区	☽ 快速选择工具 W ■ ◌ 魔棒工具 W	快速选择工具: 快捷键为W 魔棒工具: 快捷键为W
裁剪工具: 用于设置图像中的选定区域并对其进行裁剪	■ ⊟ 裁剪工具 C ⤢ 切片工具 C ⤢ 切片选择工具 C	裁剪工具: 快捷键为C 切片工具: 快捷键为C 切片选择工具: 快捷键为C

在Photoshop CS5中，新增的快速选择工具能够非常快捷且更准确地从背景中抠出主体元素，从而创建逼真的合成图像。快速选择工具通常配合"调整边缘"来对复杂的人像背景进行选择，以得到完美的无背景人像。

原图

抠取后的图像效果

范 例 操 作 ▶▶ 利用矩形选框工具制作照片的边框

矩形选框工具可通过拖动鼠标来指定选择区域。拖动鼠标即可轻松创建出矩形选区，按住Shift键，拖动鼠标，可以绘制正方形的选区。我们还可以通过固定的比例和大小，对图像进行选择。下面我们利用矩形选框工具，制作图像边框效果。

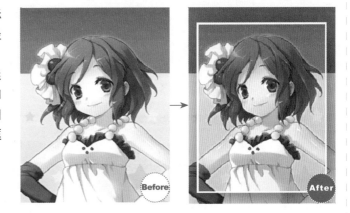

🔘 原始文件　Ch02\Media\2-1-3.jpg

🔘 最终文件　Ch02\Complete\2-1-3.psd

1. 选择选框工具

🔁 步骤01 执行 "文件>打开" 菜单命令（Ctrl+O），打开素材文件 "2-1-3.jpg"。

🔁 步骤02 在工具箱中选择矩形选框工具，拖动鼠标，建立矩形选区。

🔁 步骤03 如果对建立的选区不满意，可以使用快捷键Ctrl+Z取消操作，或使用快捷键Ctrl+D取消选区。

2. 调整颜色

步骤01 为了调整选区，执行"图像>调整>色相/饱和度"菜单命令，或者使用快捷键Ctrl+U。

> **！提示**
>
> 执行"色相/饱和度"命令后，拖动"色相"、"饱和度"以及"明度"滑块可改变图像的颜色。

步骤02 弹出"色相/饱和度"对话框，将"色相"滑块向左拖动。在本范例中，将"色相"值设置为-20，然后单击"确定"按钮。

步骤03 只有选区内的图像颜色发生了相应变化。

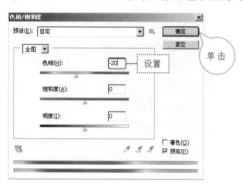

3. 制作矩形边框

步骤01 为了在矩形选区上绘制白色边线，执行"编辑>描边"菜单命令。

步骤02 在弹出的"描边"对话框中，将"宽度"值设置为3px，将其边线绘制为粗线。

步骤03 将边线的颜色设置为白色。单击色块，在拾色器对话框中将RGB颜色值都设置为255，然后单击"确定"按钮。

步骤04 在"描边"对话框中将"位置"设置为"内部"，然后单击"确定"按钮。

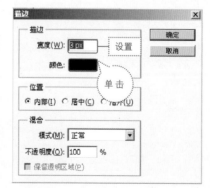

4. 应用阴影效果

🔄 **步骤01** 确认生成白色的边线后，执行"编辑>复制"菜单命令（Ctrl＋C），然后执行"编辑>粘贴" 菜单命令（Ctrl＋V），复制选区。

🔄 **步骤02** 单击"图层"面板下端"添加图层样式"按钮 fx.，选择"投影"，在弹出的"图层样式"对话框中，设置"距离"值为14，"大小"值为68，然后单击"确定"按钮。

🔄 **步骤03** 此时，已经为改变了颜色的图像添加边框效果，使照片更具有立体感。

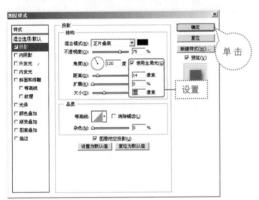

更进一步　矩形选框工具的属性栏

在工具箱中选择矩形选框工具，界面上端将显示对应的属性栏。在矩形选框工具的属性栏中,可以设置羽化值、样式以及形态。

❶ 羽化： 该选项用来设置羽化值，以柔和表现选区的边框，羽化值越大，选区边角越圆。

羽化：0

羽化：50

羽化：100

❷ 样式：在该下拉列表框中包含3个选项，分别为"正常"、"固定比例"和"固定大小"。

正常：随鼠标的拖动轨迹创建矩形选区。

固定比例：创建宽高比例固定的矩形选区。例如将宽度和高度值分别设置为1和3，然后拖动鼠标即可绘制出宽高比为1:3的矩形选区。

固定大小：输入宽度和高度值后，拖动鼠标可以绘制指定大小的选区。例如，将宽和高值均设置为50px以后，拖动鼠标就可以制作出宽和高均为50像素的矩形选区。

相关知识　了解图像浏览工具

在Photoshop中处理图片时，经常需要以不同视图查看图像，下面介绍常用的图像浏览工具。

在Photoshop中，使用缩放工具和抓手工具，可以对编辑图像的视图显示进行调整。我们可以使用缩放工具对图像进行适当的放大和缩小，使图像显示得更加完整。缩放工具和抓手工具在不变形图像效果的状态下只放大、缩小或移动图像。在"导航器"面板中也可以确认图像效果。选择缩放工具，在画面上方显示对应的属性栏。

❶调整窗口大小以满屏显示：在放大或缩小图像时，图像窗口也随之放大或缩小。如不勾选该复选框，图像窗口将固定不变，只改变图像放大或缩小的比例。

❷缩放所有窗口：勾选该复选框放大或缩小Photoshop中所有的图像窗口。

❸细微缩放：勾选该复选框后，按住鼠标左键不放并拖动就可以进行缩放，并且以单击的位置为中心点进行缩放。

❹实际像素：在图像窗口中以100%的比例显示图像。

❺适合屏幕：根据Photoshop的界面大小显示图像。

❻填充屏幕：根据Photoshop的界面大小填充图像。

❼打印尺寸：按打印时的比例显示图像大小。

使用抓手工具时，画面的上端会显示抓手工具的属性栏。用抓手工具拖动当前显示的多个图像窗口，则Photoshop中的所有图像窗口均向同一个方向移动。

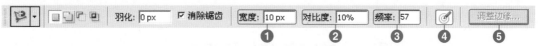

更进一步 **磁性套索工具属性栏**

利用磁性套索工具可以快速地在颜色差别较大的图像中创建选区。下图为磁性套索工具的属性栏。

❶宽度：选择磁性套索工具以后，拖动鼠标自动找到颜色边界，并设置为选区。按下Caps Lock键，会显示出图标的大小。"宽度"值越大，图标就越大，值越小，图标就越小，从而可以方便地创建大小不同的选区。

宽度:10

宽度20

宽度:4

❷对比度：用于设置选区边界对比度。该值越大颜色范围越广，从而可以设置更柔和的选区。相反，该值越小，选区越精确，可以设置出更精确的选区。

对比度:1

对比度: 50

对比度:100

❸频率：用于设置生成锚点密度。拖动颜色边界可以生成方形的描点，频率值越大，生成的锚点越多，选择的区域也就越细致。

频率: 5

频率: 50

频率: 100

❹ 使用数位压力以更改钢笔宽度：为数位板　❺ 调整边缘："调整边缘"功能主要用于调
　 使用者提供的选项。使用数位板的画笔，　　　整选区的大小、边缘平滑和羽化值，选区
　 就可以感知其压力的大小，压力越大，创　　　边缘扩展和收缩的量等。
　 建的选区越精细。

相关知识　利用羽化功能柔和处理选区

　　羽化值的设定，决定了绘制选区的精确度。羽化值越大，选区的边线越宽。在合成图像时，
边线内侧和外侧会应用羽化设置。

　　选择工具箱中多边形套索工具，设置属性栏中的"羽化"选项，当羽化值为0时，可利用多边
形套索工具绘制精确的选区，将选区复制并粘贴到新图像中，便可以制作出下图所示的边缘柔和的
图像。

打开文件

指定选区

羽化：20

羽化：60

　　利用羽化功能可制作出很自然的合成图像效果。下面将在设置好羽化值后，将蝴蝶图像合成
至新图像中。

◌ 步骤01 在羽化值为20像素的状态下，利用多
边形套索工具将蝴蝶指定为选区，执行"编辑>
拷贝"菜单命令（Ctrl+C），复制图像。
◌ 步骤02 执行"文件>打开"菜单命令，打开
另一张素材文件。
◌ 步骤03 执行"编辑 > 粘贴"菜单命令
（Ctrl+V），在新打开的素材文件上粘贴蝴蝶
图像。制作出自然的合成效果。

范 例 操 作 ▶▶ 利用多边形套索工具创建选区并更改颜色

多边形套索工具，可以创建直
线形的多边形选区，它不像磁性套
索工具那样可以紧紧地依附在图像
的边缘上，它可根据鼠标单击的位
置绘制出多边形选区。下面，我们
使用多边形套索工具，选择右图对
象，并改变其颜色。

◉ 原始文件　Ch02\Media\ 2-1-14.jpg

◉ 最终文件　Ch02\Complete\ 2-1-14.jpg

1. 选择多边形套索工具

↻ 步骤01 执行 "文件 > 打开" 菜
单命令（Ctrl+O），打开素材文件
"2-1-14.jpg"。

↻ 步骤02 右击工具箱中的套索
工具按钮，在弹出的隐藏工具列
表中选择多边形套索工具，在画
面中围绕需要选择的区域连续单
击，创建选区。

2. 利用"色相/饱和度"命令调整色调

步骤01 执行"图像>调整>色相/对比度"菜单命令（Ctrl+U），打开"色相/饱和度"对话框，设置对话框中的参数。然后单击"确定"按钮。

步骤02 按下快捷键Ctrl+D取消选区，制作出偏红的效果。

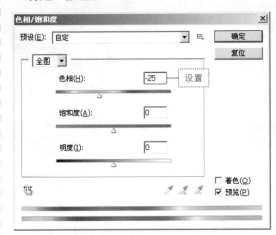

▶▶ 编辑选区

创建选区后，可以添加选区、删除选区或者截取与新选区交叉的部分。在工具箱中，选择矩形选框工具时，显示该工具的属性栏，其中提供了编辑选区的相关功能。

❶ 新选区 ▣：利用选框工具建立选区。

❷ 添加到选区 ▣：在基本选区上添加选区，按住Shift键利用选框工具进行操作，也可以添加选区。

步骤01 执行"文件>打开"菜单命令（Ctrl+O），打开素材文件"2-1-15.jpg"。

步骤02 使用椭圆选框工具建立选区。

步骤03 单击"添加到选区"按钮，利用"矩形选框工具"添加选区，得到添加选区后的效果。

建立选区

添加矩形选区

添加选区后

❸ 从选区减去🔲：在原选区内删除指定区域。也可以按住Alt键利用选框工具删除选区。

🔄 步骤01 单击"从选区中减去"按钮🔲，然后使用椭圆选框工具建立选区。

🔄 步骤02 利用矩形选框工具创建想要删除的矩形选区。

🔄 步骤03 利用矩形选框工具删除选区后，得到删除选区后的效果。

建立选区

删除矩形选区

删除选区后

❹ 与选区交叉🔲：将原选区和新指定的选区相交的部分作为选区，按住Alt+Shift快捷利用选框工具，也可以选择两个选区的共同区域。

🔄 步骤01 单击"与选区交叉"按钮🔲，然后使用椭圆选框工具建立选区。

🔄 步骤02 利用矩形选框工具创建想要交叉的选区。

🔄 步骤03 利用矩形选框工具创建交叉选区后，得到交叉选区效果。

建立选区

交叉选区

最终选区

范 例 操 作 ▶▶ 神奇的魔棒工具

选择魔棒工具，设置容差值，然后单击鼠标，就可以将颜色相似的区域指定为选区。魔棒工具主要用来在对比较强的图像中创建选区。在下面的范例中，将利用魔棒工具指定蓝色的衣服为选区，利用"反相"命令改变其颜色。

🔘 原始文件 Ch02\Media\2-1-18.jpg
🔘 最终文件 Ch02\Complete\2-1-18.jpg

1. 选择魔棒工具

🔄 **步骤01** 执行"文件>打开"菜单命令（Ctrl+O），打开素材文件"2-1-18.jpg"。

🔄 **步骤02** 在工具箱中选择魔棒工具，在黄色的衣服部分单击。

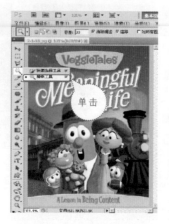 

2. 添加选区并执行"反相"命令

🔄 **步骤01** 单击属性栏中的"添加到选区"按钮⬚。反复使用魔棒工具创建选区。

🔄 **步骤02** 在这里，我们对选择的图像进行反相显示。执行"图像>调整>反相"菜单命令（Ctrl+I）。蓝色经反相后，变成了咖啡色。

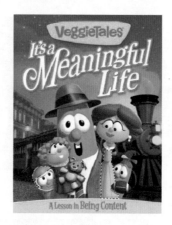 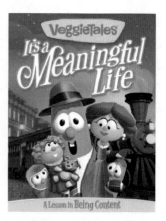

> **❗提 示**
>
> 如果取消勾选属性栏中的"连续"复选框，则蓝色衣服外围区域也将会被选中。

▶ 更进一步 魔棒工具的属性栏

在工具箱中选择魔棒工具，显示下图所示的属性栏。在属性栏中，可以设置选区的大小、形态以及样式。

❶ **容差：**用特定数值来指定选区的颜色范围。其取值范围为0至255，值越大选取范围就越广。

"容差" 值: 100   "容差" 值: 200

❷ 连续：勾选该复选框，以单击的位置为基准，将连接的区域作为选区。相反，如果取消勾选该复选框，则选区与单击的位置无关，将不相连的区域也并入到选区范围内。

勾选 "连续" 选项时   未勾选 "连续" 选项时

❸ 对所有图层取样：在由若干个图层组成的图像上，利用魔棒工具对所有图层取样。

图像由心形图片、文字和粉色背景组成   勾选 "对所有图层取样" 复选框，利用魔棒工具单击小猫图像边缘，小猫和文字部分被指定为选区   未勾选 "对所有图层取样" 复选框，利用魔棒工具单击小猫图像边缘，只有小猫图像被指定为选区

➡ 更进一步 裁剪工具的属性栏

　　裁剪工具的属性栏比较特殊，分成两种情况，一是未设置裁剪区域时的属性栏，二是设置裁剪区域后的属性栏。不同情况下的属性栏有所不同。

1. 未设置裁剪区域时的属性栏

　　在工具箱中选择裁剪工具，画面上端将显示下图所示的属性栏。在该属性栏中，可以设置裁切图像大小、分辨率，并可依照原图像比例裁剪图像。

❶ 设置裁切宽度和高度：裁切图像之前，如果预先设置高度和宽度，则可以按照设定的数值裁切图像。"宽度"和"高度"选项分别用于设置图像的宽度和高度。

◯ **步骤01** 执行"文件>打开"菜单命令（Ctrl+O），打开光盘中素材文件"2-1-21.jpg"。在属性栏中设置"宽度"为7，"高度"为3，拖动鼠标，画面上会显示出固定大小的裁剪框。

◯ **步骤02** 现在将鼠标指针放在图像上，然后单击并拖动鼠标创建裁剪选区。

◯ **步骤03** 将鼠标指针移到边框内，双击或者按下 Enter键，应用裁剪。

打开图像，设置裁剪参数

创建裁剪选区

❷ 分辨率：设置图像的分辨率。如果在这里输入的数值太大，图像就会变大，导致图像不清楚。因此，我们将分辨率设置为130%以下。

❸ 前面的图像：单击"前面的图像"按钮，则按图片原始比例进行裁切。

❹ 清除：单击"清除"按钮，可以删除裁剪的宽度和高度的比例约束。

2. 设置裁剪区域后的属性栏

　　在工具箱中选择裁剪工具，在图像中创建裁剪区域，属性栏会有所变化，如下图所示。此时在属性栏中可以删除或隐藏裁剪区域，添加参考线等。

裁剪区域: ○ 删除 ○ 隐藏 | 裁剪参考线叠加: 无 | ☑屏蔽 颜色: | 不透明度: 75% ▶ | □透视

①   **②**   **③**   **④**

❶ 裁切区域: 如果图像中包含图层, "裁剪区域"选项就会被激活。可以设置对裁切图
像部分的处理方式。

● 删除: 选择该单选按钮后, 使用裁剪工具裁切的图像就会被删除。

● 隐藏: 选择该单选按钮后, 使用裁剪工具裁切的部分会被隐藏。而使用移动工具操作图
层时, 之前被裁切掉的部分会全部显示出来。

❷ 裁剪参考线叠加: 设置裁剪时是否显示参考线的叠加。

❸ 屏蔽颜色: 设置用来区分裁剪区域和未裁剪区域的颜色和透明度。

❹ 透视: 选择该复选框, 拖动裁剪区域的边框上的锚点, 可以调整形态, 使裁剪区域具
有透视感。

范 例 操 作 ▸▸ 使用移动工具移动图像

移动工具不仅可以移动选区内的图像到其他位置, 还可以移动整个图层图像。将鼠标指
针放在绘制的选区内, 然后拖动鼠标, 就可以对选区内的图像进行移动了。在下面范例中, 我
们将使用移动工具对图像进行移动和复制操作。

◉ 原始文件   Ch02\Media\2-1-22.jpg

◉ 最终文件   Ch02\Complete\2-1-22.jpg

1. 使用椭圆选框工具设置选区 --

◌ 步骤01 执行"文件>打开"菜单命令(Ctrl+O), 打开素材文件"2-1-22.jpg"。

◌ 步骤02 在工具箱中选择椭圆选框工具, 单击并拖动鼠标, 建立选区。

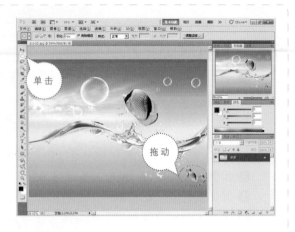

> **⚠ 提 示**
>
> 选择椭圆选框工具后，如果能设置合适的羽化值，那么在复制图像的时候，便可以获得自然的合成图像。

🔄 **步骤03** 在工具箱中选择移动工具，然后将鼠标指针放置在图像上面，按住Alt键拖拽鼠标，进行复制。进行多次复制后，使用快捷键Ctrl+D取消选区。

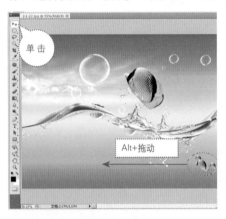

2. 使用修补工具修饰复制的图像

🔄 **步骤01** 在工具箱中选择修补工具。

🔄 **步骤02** 使用修补工具创建选区，将其拖动到合适的位置。对背景图像进行修饰。

更进一步 移动工具属性栏

单击移动工具后，界面中会显示移动工具的属性栏。

❶ 自动选择：勾选该复选框时，使用移动工具单击含多个图层的图像，单击的图像所在图层会自动设置为当前图层。

❷ 显示变换控件：勾选该复选框时，图像上会显示出边框。利用这一边框，可以旋转、放大或者缩小图像。

❸ 对齐链接图层：当链接的图层达到两个以上的时候，使用此处按钮，以选定图层为基准排列链接的图层。如下图所示，查看"图层"面板，可以看到这里有4个图层链接在一起。当前第2个图层处于被选定状态，咖啡色实线是基准线。

顶对齐：以当前选定图层的图像为基准向上对齐

垂直居中对齐：以当前选定图层的图像为基准，水平中央排列

底对齐：以当前选定图层的图像基准向下对齐

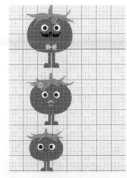

左对齐：以当前选定图层的图像为基准向左排列

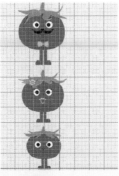

水平居中对齐：以当前选定图层的图像为基准，垂直中央排列

右对齐：以当前选定图层的图像基准向右对齐

❹ 分布链接图层：当链接的图层到3个以上的时候，可以使用此区域中的按钮，调整选定图层之间的间隔。

02 用于填充的颜色工具

如果需要修饰选区内的图像，或者简单地合成元素图像和背景图像，则可以使用颜色填充工具，进行简单的合成操作。我们只需要设置填充的颜色或者图案，即可制作出合成效果。下面我们来学习填充颜色、渐变和粘贴图案的方法。

▶▶ 渐变工具和油漆桶工具

只要掌握了渐变工具和油漆桶工具的使用技巧，就可以对图像的颜色进行丰富的变化。下面我们来学习这两种工具在填充颜色时的使用方法。

渐变工具：填充具有过渡渐变色彩的效果 油漆桶工具：可以填充特定的颜色和图案，从而表现合成效果	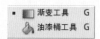	渐变工具：快捷键为G 油漆桶工具：快捷键为G

油漆桶工具：能够将需要的颜色和图像作为图案，进行填充。

渐变工具：能够丰富色带颜色，得到颜色渐变效果。

范例操作 ▶▶ 使用油漆桶工具填充图案

使用油漆桶工具，可以轻松地将选区图像转换为其他颜色或选定的图案图像。在下面范例中，我们使用油漆桶工具，将单一的白色背景，变为我们选择的图案背景。

● 原始文件　Ch02\Media\2-2-3/4.jpg

● 最终文件　Ch02\Complete\2-2-3.jpg

1. 选择魔棒工具

● 步骤01 执行 "文件>打开" 菜单命令（Ctrl+O），打开素材文件 "2-2-3.jpg"。在工具箱中选择魔棒工具。

● 步骤02 设置 "容差" 值为30，创建选区。

2. 设置图案选区

● 步骤01 执行 "文件>打开" 菜单命令（Ctrl+O），打开素材文件 "2-2-4.jpg"，然后执行 "选择>全部" 菜单命令（Ctrl+A），将整个图像设置为选区。

● 步骤02 执行 "编辑>定义图案" 菜单命令。弹出 "图案名称" 对话框，设置图案名称为 "背景"，然后单击 "确定" 按钮。

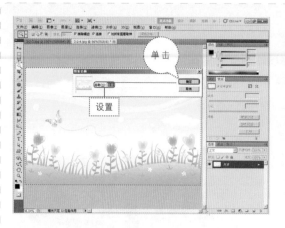 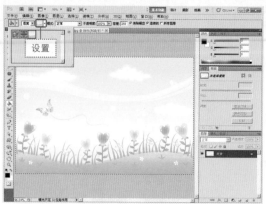

3. 填充图案

🔄 **步骤01** 切换到"2-2-3.jpg"图像窗口，选择油漆桶工具，在属性栏中将"填充"设置为图案，然后单击下拉按钮 ，选择保存的背景图案。

🔄 **步骤02** 单击人物背景部分，为背景填充图案。

> **！提 示**
>
> 使用油漆桶工具填充颜色时，填充颜色默认为前景色，在颜色变化不强烈的区域快速填充颜色的时候，我们应该选择油漆桶工具进行填充。

➡️ 更进一步　油漆桶工具属性栏

在绘制的选区内填充指定的颜色或者图案时，油漆桶工具是一个非常好的选择。选择油漆桶工具后，界面中显示属性栏。

❶ 填充：选择填充的内容，可选择前景色，或选择图案。

❷ 图案：当设置"填充"为"图案"时，则此选项可用，选择已载入的图案，可以将图案填充到特定区域上。

| 🪣 | ▼ | 图案 ▼ | | 模式: 正常 | ▼ | 不透明度: 100% | ▶ | 容差: 32 | ☑ 消除锯齿 ☑ 连续的 □ 所有图层 |

❸ 模式： 该选项可以设置混合模式，填充颜色或图案图像的时候，设置与原图像的混合形态。

❹ 不透明度：该选项可以设置颜色或图案的不透明度，数值越小，画面越透明。

原图像　　　　　　　不透明度: 100　　　　　不透明度: 50　　　　　不透明度: 20

❺ 容差： 该选项可以设置颜色的应用范围，数值越大，选区范围就越大。

原图像　　　　　　　容差: 20　　　　　　　容差: 50　　　　　　　容差: 100

❻ 所有图层： 勾选该复选框后，将按照画面显示应用颜色或图案，不局限于当前图层。

范 例 操 作 ▶▶ 使用渐变工具填充图像颜色

　　渐变工具可以阶段性地填充颜色。渐变类型分为线性、径向、角度、对称、菱形等多种形态。在下面的范例中，我们使用多种渐变工具来填充图像的背景颜色。

🔘 **原始文件** Ch02\02\Media\2-2-7.jpg

🔘 **最终文件** Ch02\02\Complete\2-2-7.psd

1. 将背景部分设置为选区

🔄 **步骤01** 执行"文件>打开"菜单命令（Ctrl+O），打开光盘中素材文件"2-2-7.jpg"。

🔄 **步骤02** 为了在背景中建立选区，在工具箱中单击魔棒工具。

🔄 **步骤03** 在属性栏中单击"添加到选区"按钮🔲，然后单击背景部分，建立选区。

2. 选择渐变工具

🔄 **步骤01** 按下Delele键将选区内的色彩删除。在工具箱中选择渐变工具。在属性栏中选择线性渐变类型🔲，然后单击渐变样式下拉按钮。

🔄 **步骤02** 在弹出渐变样式列表中，单击"铜色渐变"图标🔲。

3. 应用渐变

🔄 **步骤01** 按住鼠标左键从左下方向右上方拖动，然后释放鼠标。

🔄 **步骤02** 此时，图像中应用了渐变效果。

4. 制作自定义渐变

🔄 **步骤01** 下面我们来自定义渐变，首先单击属性栏中的渐变条。

🔄 **步骤02** 弹出"渐变编辑器"对话框，双击渐变栏左下端的色标。

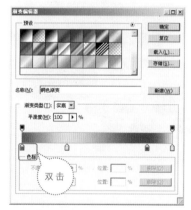

🔄 **步骤03** 弹出"选择色标颜色"对话框，将颜色设置为绿色，在本范例中，设置渐变色为绿、蓝、黄，然后单击"确定"按钮。

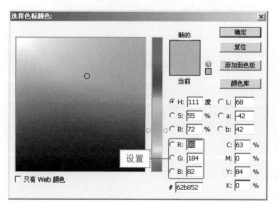

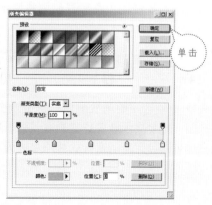

○ 步骤04 在"渐变编辑器"的"名称"文本框中输入"绿蓝黄渐变"，单击"新建"按钮，将制作好的渐变存储起来。

○ 步骤05 单击"确定"按钮，关闭"渐变编辑器"对话框。

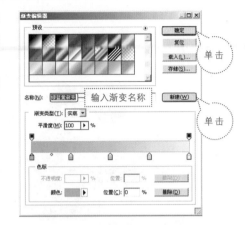

5. 应用自定义渐变

○ 步骤01 在属性栏中，单击"径向渐变"按钮■，然后拖动鼠标。应用渐变颜色。

○ 步骤02 执行"选择>取消选择"菜单命令（Ctrl+D），取消选区，完成应用渐变操作。

➡ 更进一步　渐变工具属性栏

在工具箱中选择渐变工具，界面中将显示渐变工具属性栏。在渐变工具属性栏中可以设置渐变类型、样式、方向等。

❶渐变条:显示选定的渐变颜色。单击渐变条后，会显示"渐变编辑器"对话框，单击下拉按钮，就会显示渐变样式列表，列表中包含了Photoshop CS5提供的多种渐变样式，用户也可以自定义渐变样式并添加进列表中。

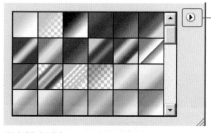

渐变样式列表

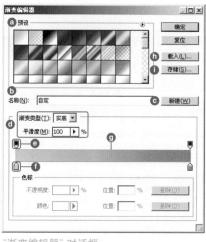

"渐变编辑器" 对话框

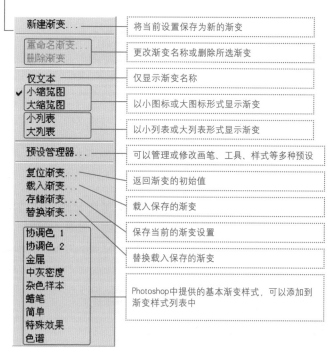

新建渐变... —— 将当前设置保存为新的渐变

重命名渐变...
删除渐变 —— 更改渐变名称或删除所选渐变

仅文本 —— 仅显示渐变名称

小缩览图
大缩览图 —— 以小图标或大图标形式显示渐变

小列表
大列表 —— 以小列表或大列表形式显示渐变

预设管理器... —— 可以管理或修改画笔、工具、样式等多种预设

复位渐变...
载入渐变...
存储渐变...
替换渐变...
—— 返回渐变的初始值
—— 载入保存的渐变
—— 保存当前的渐变设置
—— 替换载入保存的渐变

协调色 1
协调色 2
金属
中灰密度
杂色样本
蜡笔
简单
特殊效果
色谱
—— Photoshop中提供的基本渐变样式，可以添加到渐变样式列表中

ⓐ 预设：以图标形式显示Photoshop CS5中提供的基本渐变样式，单击图标后，可以设置该样式的渐变。单击"扩展"按钮，可以打开保存的其他渐变样式。

ⓑ 名称：显示选定渐变的名称，或者输入新建渐变的名称。

ⓒ 新建：创建新渐变。

ⓓ 渐变类型：可选择显示为单色形态的实底或显示为多种色带形态的杂色两种渐变类型。

平滑度：调整渐变颜色变化的柔和程度，数值越大，效果越柔和。

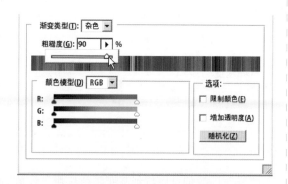

粗糙度：该选项可以设置渐变颜色的柔和程度，数值越大，颜色变化过渡越鲜明。

颜色模型：该选项可以确定构成渐变的颜色基准，可以选择RGB、HSB或LAB颜色模式。

限制颜色：用来显示渐变的颜色数，勾选该复选框，可以简化表现的颜色阶段。

增加透明度：勾选该复选框，可以在杂色渐变上添加透明度。

随机化：单击此按钮可以任意改变渐变的颜色组合。

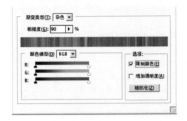  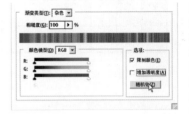

e 不透明度色标：调整渐变颜色的不透明度值。默认值是100，数值越小，渐变的颜色越透明。

单击渐变条上端左侧的色标，可以激活"色标"区域中的"不透明度"和"位置"选项。

将色标选项区域中"不透明度"设置为50%，则透明部分会显示为格子的形态。

单击渐变条上端左侧的色标，然后拖动色标，可以显示位置值。

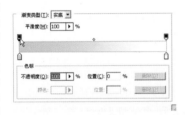  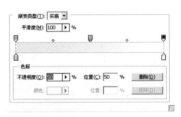

f 色标：调整渐变中应用的颜色或颜色范围。通过拖动的方式更改渐变。

单击渐变条下端的左侧色标，激活"色标"区域中"颜色"和"位置"选项。显示出当前色标的颜色值和位置值。

单击渐变条下端的色标，按照箭头方向拖动鼠标，可以在"位置"选项中显示出数值。

双击色标，弹出颜色对话框，在此可以选择需要的渐变颜色。

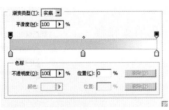

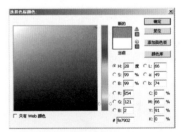

此时，我们可以看到渐变颜色应用了设置的颜色。

(!) 提　示

单击下拉按钮，即可选择需要的渐变颜色以及类型，在Photoshop界面的属性栏中，单击渐变条▭，在弹出的"渐变编辑器"中，可以设置"渐变类型"、"渐变颜色"以及"平滑度"等。

ⓖ 渐变条：显示当前渐变的颜色效果，可以改变渐变的颜色或者范围。

ⓗ 载入：载入保存的渐变。

ⓘ 存储：保存新制作的渐变。

❷ 渐变类型： 可选择线性、径向、角度、对称、菱形形态的渐变类型。随着拖动方向的不同，颜色的顺序或位置都会发生改变。下面是在人物的背景上应用各种渐变类型的不同效果。

线性渐变

径向渐变

角度渐变

对称渐变

菱形渐变

> **⚠ 提 示**
>
> 渐变工具可以创建多种颜色的逐渐过渡效果。读者可以从预设渐变样式中选择，也可创建自己的渐变。使用渐变工具的方法如下。（1）如果要填充图像的一部分，则创建需要填充的区域。否则，渐变填充将应用于整个图层。（2）选择渐变工具，然后在属性栏中选取渐变样式。（3）在属性栏中选择一种渐变类型："线性渐变"、"径向渐变"、"角度渐变"、"对称渐变"或"菱形渐变"。（4）将鼠标指针移至图像中要设为渐变起点的位置，然后拖移以定义终点。

❸ 模式：设置原图像的颜色和渐变颜色的混合模式。

❹ 不透明度：除了在不透明度色标上设置不透明度以外，用户还可以在此调整整个渐变的不透明度。

❺ 反向：勾选此复选框后，可以翻转渐变的颜色。

❻ 仿色：勾选此复选框后，可以柔和地表现渐变的颜色过渡。

❼ 透明区域：勾选此复选框可以设置渐变的透明度，如果不勾选，则不能应用透明度。

03 绘图工具和清除工具

　　　　　　Photoshop中含有各种各样的画笔效果。Photosop中绘图和清除操作主要使用画笔与橡皮擦工具。Photoshop中的画笔工具非常强大，可以绘制出各种笔触效果，用户还可以自定义画笔效果并进行保存。下面我们将来学习用来绘制和清除图像的画笔工具和橡皮擦工具。

▶▶ 画笔工具和橡皮擦工具

　　在画笔工具的属性栏中，可调整笔触的大小、形态和材质。我们可以选择特定形态的笔触，还可以从画笔列表中选择具有预设属性的画笔，从而表现不同的效果。

　　其实画笔工具相当于涂抹颜色的工具，而橡皮擦工具则相当于清除颜色的工具。橡皮擦工具可以当做应用背景色的颜色工具。魔术橡皮擦工具则是涂抹透明区域的工具。其实从某些角度来看，画笔工具和橡皮擦工具原理其实是相同的。

绘图工具：可以在图像上应用画笔或者铅笔笔触	画笔工具　　　　B 铅笔工具　　　　B 颜色替换工具　　B 混合器画笔工具　B	画笔工具：快捷键为B 铅笔工具：快捷键为B 颜色交替工具：快捷键为B 混合器画笔工具：快捷键B
清除工具：清除图像区域或者特定颜色	橡皮擦工具　　　　E 背景橡皮擦工具　　E 魔术橡皮擦工具　　E	橡皮擦工具：捷键为E 背景橡皮擦工具：快捷键为E 魔术橡皮擦工具：快捷键为E

　　使用画笔工具，可以表现出丰富的笔触效果。

原图

使用画笔工具处理后

　　使用橡皮擦工具，将背景清除，然后像填充透明区域一样，简单合成图像。

原图 使用橡皮擦工具处理后

▶▶ 选择合适的画笔

下面学习使用多种形态的画笔的方法。除了应用Photoshop提供的多种画笔形态之外，我们也可以制作个性化的画笔。

1. 使用画笔工具制作笔触

🔄 **步骤01** 打开素材文件 "Ch02\03\Media\2-3-4.jpg"，使用画笔的时候，首先在 "图层" 面板中单击 "创建新图层" 按钮🔲，然后选择画笔工具，在属性栏中单击笔刷下拉按钮，选择星状的画笔。

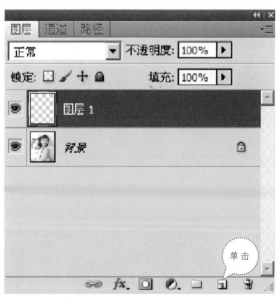
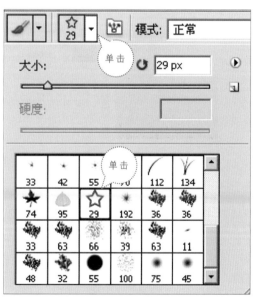

🔄 **步骤02** 将画笔的大小设置为40px，在属性栏中，设置 "不透明度" 为60%。

🔄 **步骤03** 单击工具箱中前景色色块，在弹出的 "拾色器（前景色）" 对话框中，设置颜色RGB值分别为254、36、92，然后单击 "确定" 按钮。

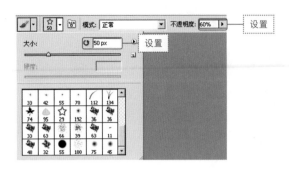 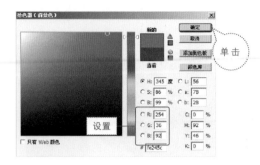

🔵 步骤04 在画面上连续单击，制作出完成相同形态的星形。

🔵 步骤05 再次单击笔刷下拉按钮，在弹出的下拉列表中选择画笔形态。

  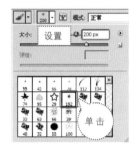

🔵 步骤06 单击前景色色块，设置颜色RGB值分别为250、59、212。

🔵 步骤07 在图像上单击或拖拽鼠标绘制图像。

🔵 步骤08 按下Ctrl+Alt+Z快捷键，继续设置前景色并绘制图像。

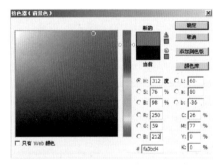  

2. 自定义画笔形状

🔵 步骤01 打开光盘中的素材文件"Ch02\03\Media\2-3-5.jpg"，在工具箱中选择魔棒工具，单击背景图像，单击"添加到选区"按钮，将背景设置为选区。

步骤02 将背景图像设置为选区后，执行"选择>反向"菜单命令（Ctrl+Shift+I），对选区进行反选，将兔子作为选区。

！ 提 示

"选择>反向"菜单命令（Ctrl+Shift+I），可以对选区进行反向选择。"图像>调整>反相"菜单命令（Ctrl+I），则是用于翻转选区颜色。

步骤03 接下来，我们将选区设置为画笔笔触。执行"编辑>定义画笔预设"菜单命令。

步骤04 在弹出的"画笔名称"对话框中，设置"名称"为"兔子"，单击"确定"按钮。

步骤05 选择画笔工具，在属性栏中单击笔刷下拉按钮，在弹出的下拉列表中，选择"兔子"画笔，设置笔刷大小为200。

步骤06 单击前景色色块，在弹出的对话框中设置前景色RGB值分别为180、0、255。在图像上绘制兔子图形。

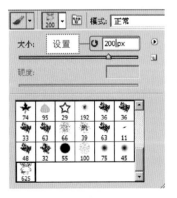

更进一步 画笔工具属性栏

选择画笔工具后，界面中会显示对应的属性栏。

❶ **画笔**:单击该下拉按钮·后，会弹出一个显示画笔形态的面板，单击面板中的扩展按钮 ▶，将弹出该面板的扩展菜单。

ⓐ **新建画笔预设**：用于创建新画笔的命令，弹出"画笔名称"对话框，输入画笔名称，然后单击"确定"按钮，即可新建画笔。

ⓑ 这是选择画笔显示形式的命令。默认选择"描边缩览图"命令。

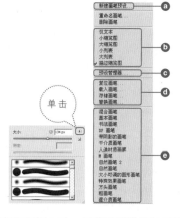

仅文本

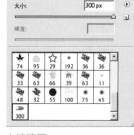
小缩览图

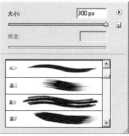
描边缩览图

ⓒ **预设管理器**：选择该命令后，弹出"预设管理器"对话框。在此可以选择并设置Photoshop提供的多种画笔预设。单击"载入"按钮后，在弹出的"载入"对话框中选择画笔画库，然后单击"载入"按钮，可载入其他预设画笔。

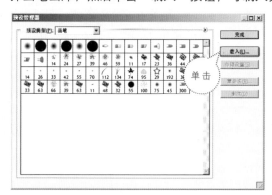

ⓓ 此处命令用于复位、载入、存储和替换画笔。选择"复位画笔"命令后，会弹出一个对话框，询问是否替换当前的画笔。单击"确定"按钮后，即会替换为新画笔，如果单击"取消"按钮，则会把新画笔添加到当前设置的画笔列表中。

ⓔ 显示当前Photoshop提供的各类型画笔。

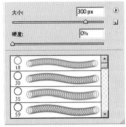

混合画笔

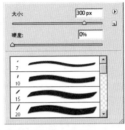

书法画笔

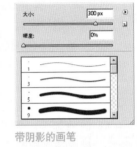

带阴影的画笔

基本画笔

DP画笔

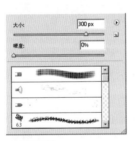

干介质画笔

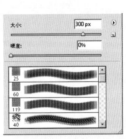

人造材质画笔

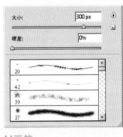

M画笔

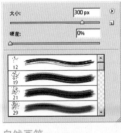

自然画笔

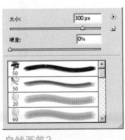

自然画笔2

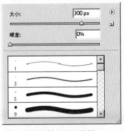

大小可调的圆形画笔

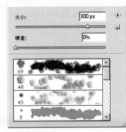

特殊效果画笔

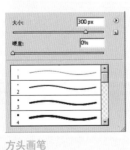

方头画笔

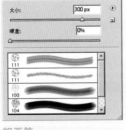

粗画笔

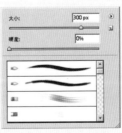

湿介质画笔

❷切换画笔面板:打开"画笔"面板。

❸模式:该选项提供了多种画笔和图像的合成效果，一般称作混合模式，可以在图像上应用独特的画笔效果。

ⓐ 正常：没有特定的合成效果，直接表现画笔形态。

ⓑ 溶解：按照像素形态显示笔触，不透明度值越小，画面上显示的像素越多。

ⓒ 背后：当有透明图层的时候可以使用，只能在透明区域里表现笔触效果。

ⓓ清除：当有透明图层的时候可以使用，笔触部分会被表现为透明区域。

ⓔ 变暗：颜色深的部分没有变化，而高光部分则被处理得更暗。

ⓕ 正片叠底：前景色与背景图像颜色重叠显示，重叠的颜色会显示为混合后的颜色。

ⓖ 颜色加深：和加深工具一样，可以使颜色变深，对白色区域无影响。

ⓗ 线性加深：强调图像的轮廓部分，可以表现清楚的笔触效果。

ⓘ 深色：根据图像中颜色的深度，显示基色图层或混合色图层的颜色（哪个颜色深，就显示哪个颜色，不会混合出第三种颜色）。

ⓙ 变亮：可以把某个颜色的笔触表现得更亮，深色部分也会被处理得更亮。

ⓚ 滤色：可以将笔触表现为好像漂白的效果。

ⓛ 颜色减淡：类似于减淡工具的效果，可以将笔触处理得亮一些。

ⓜ 线性减淡（添加）：在白色以外的颜色上混合白色，表现整体变亮的效果。

ⓝ 浅色：比较混合色和基色的所有通道值的总和并显示较大的颜色。"浅色"不会生成第三种颜色。

ⓞ 叠加：在高光和阴影部分表现涂抹颜色的合成效果。

ⓟ 柔光：图像比较亮的时候，就像使用了减淡工具一样，使颜色更亮，图像比较暗的时候，就像使用了加深工具一样，使图像表现得更暗。

ⓠ 强光：表现如同强光照射一样的笔触。

ⓡ 亮光：应用比设置颜色更亮的颜色。

ⓢ 线性光：强烈表现颜色对比，表现强烈的笔触。

ⓣ 点光：表现整体较亮的笔触，将白色部分处理为透明效果。

ⓤ 实色混合：通过强烈的颜色对比效果，表现接近于原色的笔触。

ⓥ 差值：将应用笔触的部分转换为底片颜色。

模式列表
ⓐ 正常
ⓑ 溶解
ⓒ 背后
ⓓ 清除
ⓔ 变暗
ⓕ 正片叠底
ⓖ 颜色加深
ⓗ 线性加深
ⓘ 深色
ⓙ 变亮
ⓚ 滤色
ⓛ 颜色减淡
ⓜ 线性减淡（添加）
ⓝ 浅色
ⓞ 叠加
ⓟ 柔光
ⓠ 强光
ⓡ 亮光
ⓢ 线性光
ⓣ 点光
ⓤ 实色混合
ⓥ 差值
ⓦ 排除
ⓧ 减去
ⓨ 划分
ⓩ 色相
ⓐⓐ 饱和度
ⓑⓑ 颜色
ⓒⓒ 明度

ⓦ 排除：如果是白色，表现为图像颜色的补色，如果是黑色，则没有任何变化。

ⓧ 减去：从基准颜色中去除混合颜色。

ⓨ 划分：将按照颜色进行划分，较亮的颜色表现为白色，较暗的颜色表现为灰色。

ⓩ 色相：依据对比度、饱和度、颜色，只对混合颜色应用变化。

ⓐⓐ 饱和度：调整混合笔触的饱和度，应用颜色变化。

ⓑⓑ 颜色：调整混合笔触的颜色，应用颜色变化。

ⓒⓒ 明度：保留基色的色相和饱和度，使用混合色的明度，构建出新的颜色。

原图

正常

溶解

背后

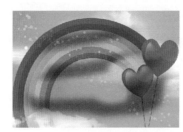
清除

变暗

正片叠底

颜色加深

线性加深

深色

变亮

滤色

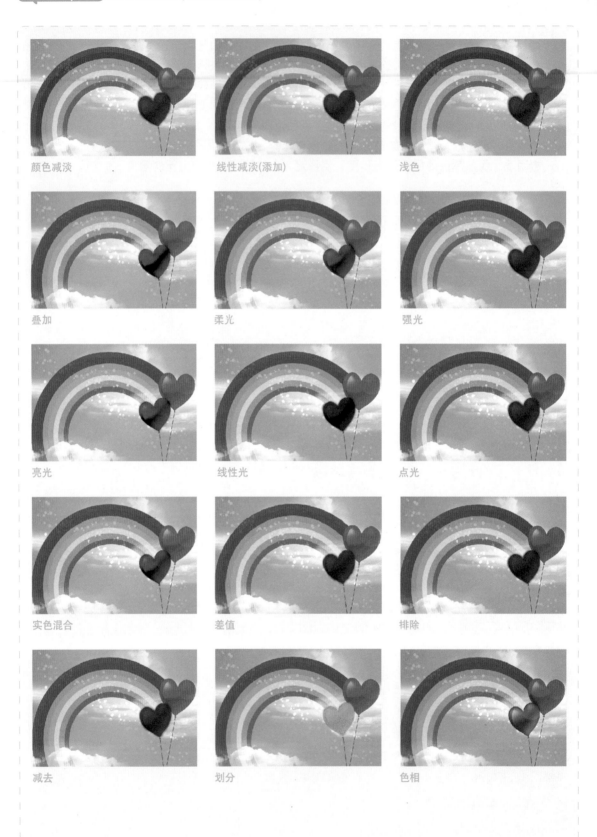

颜色减淡　　　　　　　线性减淡(添加)　　　　　　浅色

叠加　　　　　　　　　柔光　　　　　　　　　　　强光

亮光　　　　　　　　　线性光　　　　　　　　　　点光

实色混合　　　　　　　差值　　　　　　　　　　　排除

减去　　　　　　　　　划分　　　　　　　　　　　色相

饱和度

颜色

明度

范 例 操 作 ▶▶ 利用魔术橡皮擦工具更换图像背景

使用魔术橡皮擦工具擦除锁定了透明像素的普通图层时，被擦除区域像素会更改为背景色；当擦除背景图层或普通图层时，被擦除区域显示透明。可以擦除与鼠标单击处颜色邻近的像素。在本范例中，使用橡皮擦工具，为人物更换漂亮的背景。

◎ **原始文件** Ch02\Media\ 2-3-7.jpg、2-3-8.jpg

◉ **最终文件** Ch02\Complete\ 2-3-7.psd

1. 选择魔术橡皮擦工具

↻ **步骤01** 执行〝文件>打开〞菜单命令（Ctrl+O），打开素材文件〝2-3-7.jpg〞。

↻ **步骤02** 在工具箱中右击橡皮擦工具，在弹出的隐藏工具列表中选择魔术橡皮擦工具。

单击

> (!) **提 示**
>
> 背景图像被删除后，显示出棋盘格花纹，表示透明区域。

2. 删除背景部分

↻ **步骤01** 单击人物的背景部分，我们可以看到单击处附近的背景被删除。

↻ **步骤02** 在属性栏中随时更改〝容差〞值，连续在背景图像上单击，直至背景完全被删除为止。

3. 粘贴背景图像

↻ **步骤01** 下面我们打开要作为背景的图像。执行"文件>打开"菜单命令（Ctrl+O），打开素材文件"2-3-8.jpg"。

↻ **步骤02** 按下快捷键Ctrl+A全选，再按下快捷键Ctrl+C进行复制，返回"2-3-7.jpg"窗口，按下快捷键Ctrl+V粘贴图像，此时自动产生一个新的图层。在"图层"面板中调整图层的位置。

图像修饰工具

我们可以应用修饰工具来修饰图像效果。根据拖动鼠标的方向和范围的不同，修饰效果也会不同。只要我们反复练习，便能掌握修饰工具的使用技巧，这是图像编辑的基本技能。

▶▶ 风格各异的修饰工具

和指定区域的操作相比较，应用修饰工具能够更加自然的表现图像的内容。这些修饰工具用于给图片加入绘画风格的特效等修饰。

用于为图片加入独特的画笔特效或者复原为原图	▪ ✎ 历史记录画笔工具 Y ✎ 历史记录艺术画笔工具 Y	历史记录画笔工具：快捷键Y 历史记录艺术画笔工具：快捷键Y
使照片更加鲜明或者涂抹图像中的像素，让图像更加模糊	▪ ○ 模糊工具 △ 锐化工具 ✍ 涂抹工具	模糊工具：使图像更加模糊 锐化工具：使图像更加清晰 涂抹工具：使图像产生涂抹变形效果
用于调整图像的色彩以及饱和度	▪ ● 减淡工具 O ◐ 加深工具 O ● 海绵工具 O	减淡工具：快捷键O 加深工具：快捷键O 海绵工具：快捷键O

应用修饰工具中的减淡工具、加深工具和海绵工具，可以随意地调整图像的色相、饱和度以及对比度。

原图

加深

减淡

使用历史记录画笔工具，可以调整图像的艺术效果。

原图

艺术背景

艺术人物

范 例 操 作 ▶▶ 使用历史记录艺术画笔工具

使用历史记录艺术画笔工具，可以制作绘画风格的特效，表现画笔的笔触质感。选择此工具后，可以使用各种不同的笔触质感。简单地通过拖动鼠标完成图像的制作。在下面范例中，将使用历史记录艺术画笔工具制作艺术效果。

📍 **原始文件** Ch02\Media\ 2-4-3.jpg

📍 **最终文件** Ch02\Complete\ 2-4-3.psd

1. 选择历史记录艺术画笔工具

🔄 步骤01 执行"文件>打开"菜单命令（Ctrl+O），打开素材文件"2-4-3.jpg"。在工具箱中选择历史记录艺术画笔工具。

🔄 步骤02 为了在处理过程中可以快速地返回原始状态，我们可以为图像建立一个快照。在"历史记录"面板中，单击"创建新快照"按钮 📷。

2. 设置画笔属性

⟳ **步骤01** 在属性栏中设置画笔的大小。单击画笔下拉按钮,设置画笔大小为5px。

⟳ **步骤02** 在样式下拉列表中选择"绷紧中"选项。

3. 使用画笔工具进行绘制

在向日葵的花朵部分涂抹,应用画笔绘制特效。

4. 应用快照返回初始状态

为了返回初始状态,可打开"历史记录"面板,选择"快照1",此时,图片将返回到初始状态。之前的绘画特效将会消失。

5. 更改画笔样式

在属性栏中，将"样式"设置为"松散中等"。

6. 应用松散中等样式绘制图像

在向日葵花朵上面进行涂抹绘制，应用画笔效果。

7. 将部分区域还原为初始状态

↻ **步骤01** 为了将部分区域还原为初始图像，在工具箱中选择历史记录画笔工具。

步骤02 在花朵上进行绘制，此时"松散中等"画笔的绘制效果被清除，涂抹的区域还原为初始效果。

涂抹

相关知识 调整历史记录状态

Photoshop的历史记录步骤数为20，在20步之前的操作步骤将会被清除。为了调整历史记录的步骤数，我们可以执行"编辑>首选项>性能"菜单命令，弹出"首选项"对话框，在"历史纪录状态"数值框中输入数值，如果输入的数值过大，Photoshop的执行速度将会受到影响，从而使操作放缓，我们应该合理调整历史记录状态的数值。

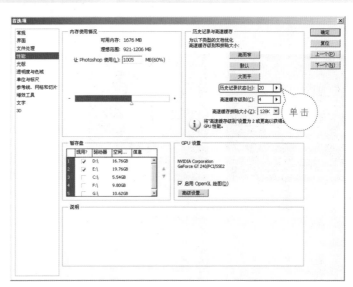

单击

更进一步 历史记录画笔工具（艺术画笔工具）属性栏

选择历史记录画笔工具或艺术画笔工具后，界面中将出现对应的工具属性栏，在属性栏中可设置工具的相关选项。

1. 历史记录画笔工具 - ●

① 模式：图像的混合模式，用于指定原图像和另一个合成图像的合成方式。

正常
溶解
背后
变暗
正片叠底
颜色加深
线性加深
深色
变亮
滤色
颜色减淡
线性减淡（添加）
浅色
叠加
柔光
强光
亮光
线性光
点光
实色混合
差值
排除
减去
划分
色相
饱和度
颜色
明度

原图

正常

溶解

背后

变暗

正片叠底

颜色加深

线性加深

深色

变亮

滤色

颜色减淡

线性减淡

浅色

叠加

柔光

强光

亮光

线性光

点光

实色混合

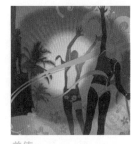
差值

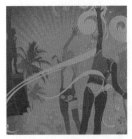
排除

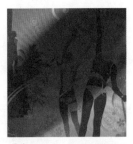
减去

划分

色相

饱和度

颜色

明度

❷ 不透明度：调整颜色的不透明度，值越大，颜色越不透明。

❸ 流量：指定应用画笔的密度，与＂不透明度＂选项有相似的处理效果。不同的是，此选项将调整油墨的喷绘程度。

原图

流量：100

流量：50

流量：20

❹ 启用喷枪模式：将历史记录画笔转换为喷枪工具。

2. 历史记录艺术画笔工具

❶ 模式：选择历史记录艺术画笔工具的绘图模式，如果选择"正常"，将根据画笔样式在原图中应用笔触。

原图　　　　　　　　　　　　正常

变暗　　　　　　　　　变亮　　　　　　　　　色相

饱和度　　　　　　　　颜色　　　　　　　　　明度

❷ 样式：设置在原图中应用画笔笔触特效的方式。根据画笔的类型不同，原图的变化也会有所不同。

原图　　　　　　　　　　　　绷紧短

绷紧中　　　　　　　　绷紧长　　　　　　　　松散中等

松散长

轻涂

绷紧卷曲

绷紧卷曲长

松散卷曲

松散卷曲长

❸ 区域：设置画笔的笔触区域，值越小，适用范围越窄。

区域：10

区域：50

区域：100

❹ 容差：调整画笔笔触应用的范围精确度，值越小，画笔应用得越细腻。

更进一步 "历史记录" 面板

"历史记录" 面板可将我们在Photoshop中的操作按顺序记录下来，以便在需要时，返回指定步骤，对图片重新进行编辑。

❶ 预览框：可以查看图片的缩览图，双击此项，可以更改图片的名称。

❷ 历史记录画笔图标：应用历史记录画笔工具，可以退回到此前操作的步骤。

❸ 历史步骤：记录Photoshop的操作步骤。

❹ 历史状态滑块：标示当前位于的操作步骤，通过拖动滑块，可以更改操作步骤。

❺ 从当前状态创建新文档：复制画面中的图片，从而得到一个新的图片。

❻ 创建新快照：将操作的照片设置为快照。

❼ 删除当前状态：将历史步骤拖拽到该按钮上，即可删除选择的操作步骤。

❽ 前进一步/后退一步：从当前的操作步骤向前或者向后移动一步。

❾ 新建快照：执行此命令，可以将当前图片保留为快照。

❿ 删除：执行此命令，可以删除当前的操作步骤或快照。

⓫ 清除历史记录：将当前选择的历史记录之外的操作步骤全部清除。

⓬ 新建文档：复制画面中的图片后，用其创建一个新的图片。

⓭ 历史记录选项：设置历史记录面板的记载方式。选择该命令会弹出"历史记录选项"对话框。

ⓐ 自动创建第一幅快照：勾选此复选框，在打开图片文件或者复制并新建图片文件的时候，会自动打开图片或者当前选定步骤下图片进行快照处理。

ⓑ 存储时自动创建新快照：勾选此复选框，打开图片或者保存图片时，将会自动创建新快照。

1. 创建新快照

　　历史记录面板下端的"创建新快照"按钮，可以快速保存当前图像的状态。通过快照功能，可以记录必需的操作步骤，即使删除所有的操作步骤，快照仍然存在。如果在创作过程中需要记录图片处理步骤，则可以应用快照功能将其保存下来，以方便操作。下面的范例将对图片进行裁剪，再为裁剪结果设置色调，并应用滤镜特效。

↻ **步骤01** 执行"文件>打开"菜单命令（Ctrl+O），打开光盘中的素材文件"2-4-8.jpg"。

步骤02 选择裁剪工具 ，拖动鼠标，创建裁剪区域。

步骤03 按下Enter键或者双击选区内侧，应用裁剪效果。

步骤04 执行"图像>调整>色相/饱和度"菜单命令（Ctrl+U），调整颜色，设置"色相"值为7。

步骤05 执行"滤镜>扭曲>海洋波纹"菜单命令，单击"确定"按钮，完成海洋波纹特效的制作。

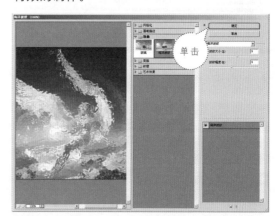

步骤06 为了将裁剪的照片保存为快照，我们在"历史记录"面板中选择裁剪步骤，并单击扩展按钮 ，然后选择"新建快照"命令。

步骤07 在弹出的"新建快照"对话框中，输入"快照1"，然后单击"确定"按钮。

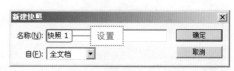

步骤08 此时，在"历史记录"面板上方会显示"快照1"快照，单击"快照1"，即可退回到该快照记录的图像状态。

🔄 **步骤09** 为了在裁剪的图片上面应用新的滤镜，执行"滤镜＞纹理＞拼缀图"菜单命令，查看"历史记录"面板，可以看到原有的操作步骤被清除了，而快照则仍然保留了下来。

2. 从当前状态创建新文档

应用"历史记录"面板中的"从当前状态创建新文档"按钮 ，可以将操作过程中保存的快照或者"历史记录"面板中某一特定步骤的结果图片创建为新的图片文件。在下面范例中，我们将打开照片，将结果建立为新的图片文档。

🔄 **步骤01** 执行"文件＞打开"菜单命令（Ctrl＋O），打开素材文件"2-4-9.jpg"，对图片应用"自动色调"和"自然对比度"调整命令。

🔄 **步骤02** 打开"历史记录"面板，在"历史记录"面板中选择执行的步骤"自动对比度"，然后单击面板下面的"从当前状态创建新文档"按钮 。

范 例 操 作 ▸▸ 应用减淡工具和加深工具

应用减淡工具可以使图片的颜色更加明亮，加深工具则可使图片更加暗淡。在下面范例中，将使用减淡工具和加深工具，调整图片色调。

🔘 原始文件　Ch02\Media\2-4-10.jpg

🔘 最终文件　Ch02\Complete\2-4-10.jpg

1. 使用减淡工具

🔁 步骤01 执行"文件>打开"菜单命令（Ctrl+O），打开素材文件"2-4-10.jpg"。

🔁 步骤02 在工具箱中选择减淡工具，并在属性栏中调整画笔的大小为90，"范围"为"中间调"，"曝光度"为50%。

🔁 步骤03 在人物的脸部以及其他皮肤位置拖动鼠标，提高皮肤的亮度。

2. 使用加深工具

↻ 步骤01 在工具箱中右击减淡工具，在弹出的隐藏工具列表中，选择加深工具。

↻ 步骤02 在属性栏中调整画笔的大小为90，"范围"为"中间调"，"曝光度"为50%。

↻ 步骤03 在人物的脸部以及其他皮肤位置拖动鼠标，使人物的脸部颜色变深。

▶▶ 测定工具

　　了解并掌握了图像测定的相关工具，才能更准确地对图像进行编辑和修饰。Photoshop提供测定图像像素颜色值的吸管工具，通过指定图片的颜色样本，比较颜色信息的颜色取样器工具，可以测定图片的长度、角度、距离等信息的标尺工具，以及给照片加入注释的注释工具。

1. 应用吸管工具

结合使用吸管工具和"信息"面板可以确认构成图像的各个像素的颜色值。选择吸管工具之后，设置属性栏中的"取样大小"选项，可以获取图片区域的颜色平均值。

步骤01 执行"文件>打开"菜单命令（Ctrl+O），打开素材文件"2-4-11.jpg"。然后选择吸管工具。

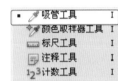

步骤02 将"取样大小"设置为"取样点"。在画面中单击要获取颜色值的区域。

步骤03 查看"信息"面板，可以看到该像素的RGB值和CMYK颜色值。

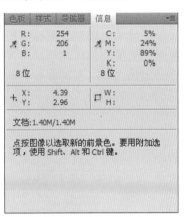

步骤04 在属性栏中将"取样大小"设置为"5×5平均"，然后用吸管工具单击要获取颜色值的图像部分，此时，在"信息"面板中可以看到选定像素周围5×5区域内的颜色值。

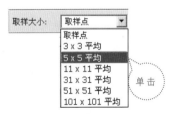

2. 使用吸管工具将特定的颜色保存到色板中

将经常使用的颜色保存到"色板"面板中，可以方便以后的处理工作。

步骤01 在"色板"面板中，将鼠标指针移到一个空白的颜色块上，当鼠标指针变为油漆桶形状时单击，即弹出"色板名称"对话框，在对话框中将保存的颜色命名为"color1"，然后单击"确定"按钮。

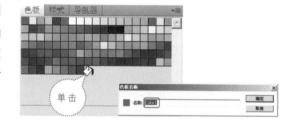

步骤02 选定的颜色将在色板中以图标的形式显示。当在图像处理过程中需要应用色板中的颜色时，可以用吸管工具单击该颜色图标，将该颜色指定为前景色。如果要删除在色板中保存的颜色，则按住Alt键的同时，单击要删除的颜色图标即可。

添加的颜色被设置为前景色

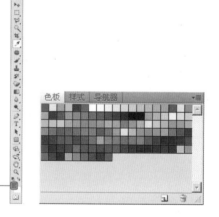

3. 用颜色取样器工具比较颜色

颜色取样器工具对构成图片的各像素的颜色进行比较。根据单击图片的顺序，依次将对应像素的颜色值显示在"信息"面板中。颜色取样器工具最多能够提取4个颜色，并把它们显示在"信息"面板中。

在工具箱中右击吸管工具，并在隐藏工具列表中选择颜色取样器工具，然后依次单击要比较的颜色，这样就会将对应像素的颜色值显示在"信息"面板中。

单击

- 吸管工具　I
- 颜色取样器工具　I
- 标尺工具　I
- 注释工具　I
- ¹₂³计数工具　I

4. 使用标尺工具

利用标尺工具，可以非常准确地测量出长度和角度等信息。单击要测定的起始位置，然后拖动鼠标到终点，此时，"信息"面板中会显示对应线段的长度或者角度。在"信息"面板中的X、Y表示起始位置的X、Y坐标值，W和H分别表示宽度和高度，A和D则分别表示角度和距离值。

单击

- 吸管工具　I
- 颜色取样器工具　I
- 标尺工具　I
- 注释工具　I
- ¹₂³计数工具　I

05 图像修复工具

本节我们将介绍如何对照片中不满意的部分进行修改和复原。在修复图像时，要考虑到图片的明暗度和饱和度等因素。

▶▶ 对数码照片和图像进行复原

随着数码相机的普及，Photoshop修饰功能的应用也逐渐广泛。Photoshop可以对脸部的雀斑以及伤痕进行处理，还可以去除闪光灯拍照产生的红眼。

修复工具：常用于对图像进行修饰或者消除红眼现象		污点修复画笔工具: 快捷键为J 修复画笔工具: 快捷键为J 修补工具: 快捷键为J 红眼工具: 快捷键为J

使用修补工具可以将脸部的斑点清除干净。

使用红眼工具可以清除人像照片中的红眼现象。

范 例 操 作 ▶▶ 使用修复画笔工具对照片进行修饰

如果照片中有斑点、雀斑、伤疤等污点，我们可以通过修复画笔工具将这些部分清除干净。修复画笔工具可以将干净的皮肤移植到有污点的特定位置，完成图像的修饰。本范例中，我们将对美女的脸部进行修饰。

◉ **原始文件** Ch02\Media\2-5-3.jpg

◉ **最终文件** Ch02\Complete\2-5-3.psd

1. 选择修复画笔工具

◐ **步骤01** 执行"文件>打开"菜单命令（Ctrl+O），打开素材文件"2-5-3.jpg"。

◐ **步骤02** 选择工具箱中修复画笔工具 ❀。如果该工具已隐藏，则在工具列表中选择。

◐ **步骤03** 根据需要调整画笔的属性。在属性栏中，单击画笔下拉按钮，设置画笔大小为19px。

2. 用修复画笔工具清除雀斑

◐ **步骤01** 选择需要复制的部分，按住Alt键的同时，单击人物脸部干净的地方，之后在清除雀斑时，会以该部分为基准进行复制。

◐ **步骤02** 单击雀斑位置，进行清除。完成人物脸部的修饰。

范 例 操 作 ▶▶ 使用红眼工具消除红眼现象

使用闪光灯拍摄人物时，常常会出现眼球部位变红的现象。这种现象就是我们常说的红眼现象。在Photoshop CS5中，可以使用红眼工具清除红眼现象。

- 原始文件　Ch02\Media\2-5-4.jpg
- 最终文件　Ch02\Complete\2-5-4.psd

1. 放大眼球部分

↻ 步骤01 执行"文件>打开"菜单命令（Ctrl+O），打开光盘中素材文件"2-5-4.jpg"。

↻ 步骤02 为了将本范例中人物的眼球部分放大，单击工具箱中的缩放工具，然后单击眼球部分。

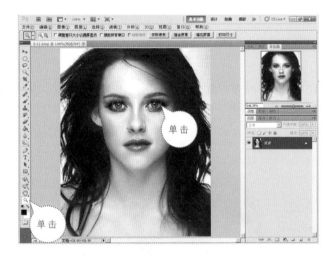

2. 选择红眼工具

放大了人物眼球部分后，在工具箱中右击修复画笔工具，弹出隐藏工具列表，选择红眼工具。

3. 调整瞳孔大小

🔄 **步骤01** 在红眼工具属性栏中设置"瞳孔大小"为50%，"变暗量"为50%。使用红眼工具在眼睛瞳孔处单击并拖拽，释放鼠标左键。

🔄 **步骤02** 选择背景图层，将其拖拽到"创建新图层"按钮 🔲 上，复制背景图层，得到背景副本图层。

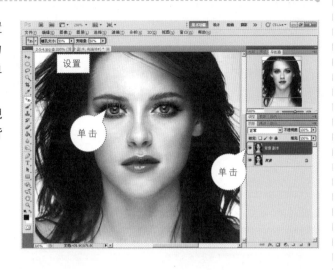

4. 设置色相/饱和度

选择背景副本图层，按下快捷键Ctrl+U，打开"色相/饱和度"对话框，设置对话框中的参数。

5. 设置色阶

🔄 **步骤01** 按下快捷键Ctrl+L，弹出"色阶"对话框，设置参数。

🔄 **步骤02** 调整后的图像效果如右图所示，完成本实例的制作。

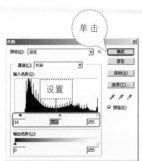

▶▶ 用于复制图像的图章工具

仿制图章工具将图像的一部分，复制到同一图像的另一区域，或复制到具有相同颜色模式的任何打开的文档中。还可以将一个图层中的一部分复制到另一个图层中。仿制图章工具对于复制对象或移去图像中的缺陷很有用。图章工具可以将图像复印到原图上。图章工具常用于复制大面积的图像区域。

图章工具：在复制特定区域内的图像或者制作纹理图案时，可使用这些工具		仿制图章工具：使用仿制图章工具可以复制特定区域内的图像 图案图章工具：应用图案图章工具，可以复制图片中的特定纹理

范 例 操 作 ▶▶ 使用图章工具复制图像

使用仿制图章工具时，可以选择一定区域的图像，然后单击，即可复制选定的图像。在本范例中，我们将使用图章工具复制花朵。

🔵 **原始文件** Ch02\Media\2-5-5.jpg
🔵 **最终文件** Ch02\Complete\2-5-5.psd

1. 选择仿制图章工具

🔄 **步骤01** 执行"文件>打开"菜单命令（Ctrl+O），打开光盘中的素材文件"2-5-5.jpg"。
🔄 **步骤02** 右击工具箱中的图章工具，并在弹出的工具列表中选择仿制图章工具。

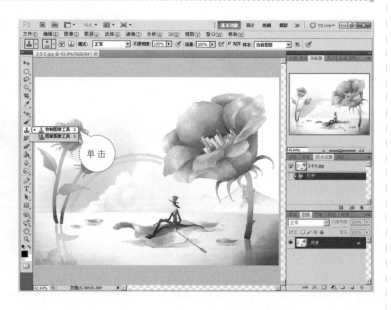

2. 应用仿制图章工具

🔄 **步骤01** 单击花朵图像的中央部位，并按住 Alt键单击，指定图章工具的复制区域。

🔄 **步骤02** 在花朵的右边单击，复制图像。完成本实例的制作。

范 例 操 作 ▶▶ 使用图案图章工具制作无限连接图像

图案图章工具可用来复制预先定义好的图案。使用图案图章工具可以利用图案进行绘画，拖动鼠标即可填充图案，可制作背景图片。在下面范例中，我们将详细介绍图案图章工具。

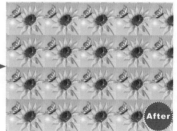

⦿ **原始文件** Ch02\Media\2-5-6.jpg

⦿ **最终文件** Ch02\Complete\2-5-6.psd

1. 设置图案区域

🔄 **步骤01** 执行"文件>打开"菜单命令Ctrl+O，打开素材文件"2-5-6.jpg"。

步骤02 选择工具箱中的矩形选框工具，并在画面中创建准备应用图案的图像区域。此时将属性栏中的"羽化"值设置为0。

2. 定义为图案

步骤01 选择"编辑>定义图案"命令，弹出"图案名称"对话框，所选的图案会被自动命名。

步骤02 单击"确定"按钮，完成定义图案操作。

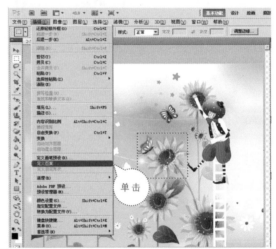

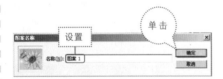

3. 选择图案图章工具

步骤01 在工具箱中右击仿制图章工具，然后在隐藏工具列表中选择图案图章工具。

步骤02 执行"选择>取消选择"菜单命令（Ctrl+D），取消选区。

4. 打开已保存的图案

步骤01 在属性栏中将画笔的大小设置为300像素。

步骤02 在属性栏中单击图案下拉按钮，在弹出的下拉列表中选择前面保存的"图案1"图案。

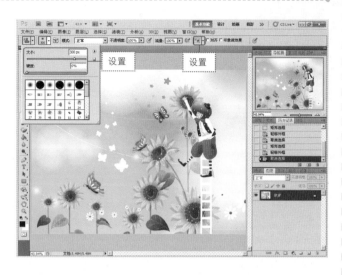

5. 打开已保存的图案

在选定图案图章工具的状态下，将鼠标指针移到图片上，并拖动鼠标，此时定义的花朵图案将被添加到拖动的区域内。反复拖动鼠标，便可以完成整个图像的制作。原图图像将被所选的气球图案所代替。

！提 示

除了应用图案图章工具之外，我们还可以使用填充工具填充图案。执行"编辑>填充"菜单命令（Shift+F5），在弹出的"填充"对话框中，将"使用"设置为"图案"，并从自定义列表中选择需要的图案，单击"确定"按钮，填充图案。

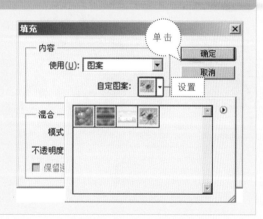

 **文字工具**

应用文字工具可以在图像中加入文字。我们还可以对字体的大小、颜色、文字间距等进行调整。CS4以上版本中自带的3D工具功能非常强大，可以随意给立体面加上想要的纹理素材。这样我们就可以很轻松制作出非常逼真的纹理质感立体图形或文字了。

▶▶ 传递信息的文字工具

在广告、网页或者印刷品中，能够直观地将信息传递给观众的载体就是文字。将文字以更加丰富多彩的方式加以表现，是设计领域中一个至关重要的主题。其应用已经扩展到多媒体演示、网页设计等各个领域。

Photoshop提供的文字工具，可以对文字进行适当的操作，为其应用特效。用文字工具输入文字，与一般程序中编辑输入文字的方法基本一致，但是Photoshop可以给文字添加多样的文字特效，使文字更加生动、漂亮。

文字工具用于添加文字蒙版，或者纵向、横向输入文字		横排文字工具：快捷键T 直排文字工具：快捷键T 横排文字蒙版工具：快捷键T 直排文字蒙版工具：快捷键T

横排文字

文字变形

输入不规则的文字

对文字进行设计

封面文字版式

范例操作 ▶▶ 制作文字变形效果

在海报以及一些宣传作品中，我们经常能看到文字适当变化后形成的图案风格。在Photoshop中应用文字变形工具可以以对称或者非对称的形式对文字加以变形、扭曲。在下面范例中，我们应用简单的文字功能完成此幅作品。

Before After

⊙ 原始文件　Ch02\Media\2-6-5.jpg
⊙ 最终文件　Ch02\Complete\2-6-5.psd

1. 选择文字工具

🔄 **步骤01** 执行"文件>打开"菜单命令（Ctrl+O），打开光盘中的素材文件"2-6-5.jpg"。

🔄 **步骤02** 单击工具箱中文字工具，在隐藏工具列表中选择横排文字工具。

单击

2. 指定文字字体、大小以及颜色

↻ **步骤01** 在属性栏中调整文字的字体、大小以及颜色。

↻ **步骤02** 单击属性栏中的"设置文字颜色"按钮，在弹出"选择文本颜色"对话框中，设置RGB颜色值分别为0、0、0，这样就可以将字体设置为黑色。

3. 输入横向文字

↻ **步骤01** 单击横排文字工具，此时会出现文字的输入光标，输入文字。

↻ **步骤02** 输入文字"你见 或者不见我 我就在那里 不悲不喜 你念 或者不念我 情就在那里 不来不去……"，然后拖动文本框，移动文字的位置。

4. 对文字进行扭曲变形

↻ **步骤01** 在属性栏中单击"创建变形文字"按钮 。

↻ **步骤02** 在弹出"变形文字"对话框中，将文字的样式设置为"扇形"。此时，我们可以看到文字被变形为扇形。

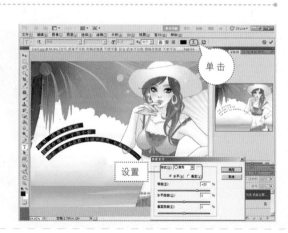

5. 调整文字的变形程度

🔄 **步骤01** 设置"水平扭曲"值为14%。

🔄 **步骤02** 设置"垂直扭曲"值为-9%，然后单击"确定"按钮。

🔄 **步骤03** 变形的文字已经处理完毕，完成本实例的制作。

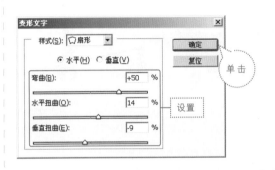

▶▶ 设置文字属性

在输入文字时可以在文字工具的属性栏中调整文字属性。在属性栏中，可以对文字的字体、字号、颜色等进行设置。

若要设置文本的格式，我们可以在输入文字之前先在工具属性栏中设置好，也可以在输入文字以后，用文字工具将要设置文本格式的文字选中，再在属性栏中进行设置，然后单击工具属性栏最右侧的"提交所有当前编辑"按钮✔，确认操作。

如果要控制文字的更多属性，则可以单击工具属性栏右侧的"切换字符和段落"按钮🗒，弹出"字符"面板进行设置。

若要设置行距，则在行间距数值框中输入数值，或者在行间距下拉列表中选择数值，用户可以设置两行文字之间的距离，间距值越大，两行文字之间的距离越大。

若要设置所选文字之间的间距，则将插入点移至文字中，此时字符微调参数可用。在数值框中输入数值，或者在下拉列表中选择数值，也可以设置光标距前一个字符的距离。数值越大，此间距越大。

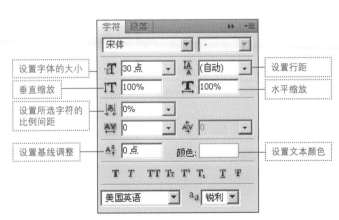

文字的间距参数只有在选中文字时才可以用，此参数调整所选文字之间的间距。数值越大，文字间的距离越大。

设置基线参数可控制文字处于基线的位置。值为正则向上移，值为负则向下移。

调整字距

调整行距

范 例 操 作 ▶▶ 沿路径排列文字

下面我们来介绍沿路径排列文字的方法。应用路径功能，可以沿着路径自动输入并排列文字。可以应用路径选择工具 和直接选择工具 对路径进行适当变形和更改。

● **原始文件** Ch02\Media\ 2-6-7.jpg

● **最终文件** Ch02\Complete\ 2-6-7.psd

1. 选择钢笔工具

● **步骤01** 执行"文件>打开"菜单命令（Ctrl+O），打开素材文件"2-6-7.jpg"。

步骤02 单击工具箱中的钢笔工具，然后在属性栏中单击"路径"按钮。

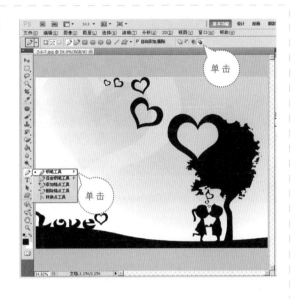

2. 制作路径

步骤01 选择钢笔工具，单击a点，然后再单击b点，此时，在两点之间将制作直线路径。在按住鼠标左键的同时，向c点拖动鼠标，制作出路径曲线。

步骤02 单击d点之后，向e点方向拖动鼠标，这样就可以制作出需要的路径曲线。

步骤03 选择直接选择工具，通过拖动锚点，调整锚点的位置。

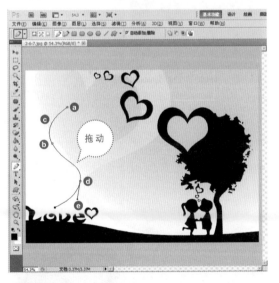

3. 在路径上输入文字

步骤01 选择工具箱中的文字工具，并单击路径左侧的a点。

步骤02 当插入点位于路径之上时，输入文字。为了调整文字的大小、字体以及颜色，需要先将文字框选。

4. 调整文字的颜色

🔄 **步骤01** 为了调整文字的颜色，单击"字符"面板的颜色块。

🔄 **步骤02** 在弹出的"选择文本颜色"对话框中，设置文字颜色的RGB值分别为151、63、207，单击"确定"按钮。

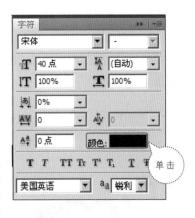
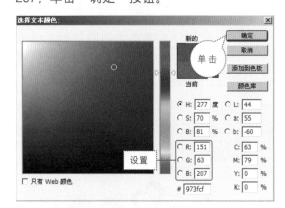

5. 选择文字的大小以及字体

选择合适的文字字体，将文字的大小调整为30点，此时，我们可以看到文字的颜色、字体和大小均发生了变化。

6. 应用 "样式" 面板

↻ **步骤01** 使用路径输入的文字也可以应用图层样式效果。执行 "窗口>样式" 菜单命令，在 "样式" 面板中，选择 "1像素描边100%填充不透明度" ■。

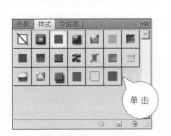

↻ **步骤02** 在路径文字的外围将添加轮廓线，效果如下图所示。

7. 输入多种样式的路径文字

↻ **步骤01** 使用同样方法，在另一个位置应用钢笔工具加入路径。然后再用文字工具输入文字。

↻ **步骤02** 在 "样式" 面板中，选择为文字应用的图层样式。

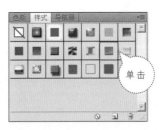

8. 确认操作结果

↻ **步骤01** 继续在 "样式" 面板中选择合适的图层样式。

↻ **步骤02** 应用各种样式后，得到图像的最终效果。

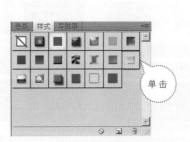

更进一步 **文字工具属性栏**

在工具箱中选择文字工具，界面中将显示文字工具的属性栏。

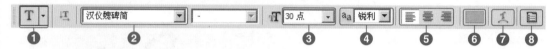

❶ 更改文字方向：可以选择纵向或横向的文本输入方向，每次单击都会更改当前的文字方向。

横向

纵向

英文横向

英文纵向

❷ 字体：选择要输入文字的字体。单击下拉按钮▼后，可以从字体列表中选择需要的字体。该列表中包含Windows系统默认提供的字体以及用户自己安装的字体。

❸ 字体大小：指定输入文字的大小。单击下拉按钮▼，可选择需要的字体大小，也可以直接输入字体大小值。

❹ 消除锯齿：此选项用于在文字的轮廓线和周围的颜色混合之后，使图片显得更加自然。单击下拉按钮，然后选择需要的效果，包括"锐利"、"犀利"、"浑厚"等。

- 无：在文字的轮廓线中不应用消除锯齿功能，以文字原来的样子加以表现。
- 锐利：使文字的轮廓线比"无"更加柔和，但比"犀利"粗糙。
- 犀利：使文字的轮廓线柔和。通过调整混合颜色的像素值，可以更加细腻地表现文字。

原图

无

锐利

- 浑厚：加深消除锯齿功能的应用效果，使照片更加柔和。通过增加混合颜色的像素值，使文字稍微变大。
- 平滑：在文字的轮廓中加入自然柔和的效果。这是Photoshop的消除锯齿功能的默认方式。

犀利　　　　　　　　　　　　浑厚　　　　　　　　　　　　平滑

❺ 文字对齐按钮：对输入的文本进行左对齐、右对齐或者居中对齐。

▤ 左对齐　　　　　　　　　　▤ 居中对齐　　　　　　　　　▤ 右对齐

❻ 文本颜色：单击颜色块，弹出"选择文本颜色"对话框，在该对话框中可以直接指定需要的颜色，也可以输入颜色值来设置文字的颜色。在这里我们可以选择是否为Web颜色。勾选"只有Web颜色"复选框，可将颜色更改为Web的颜色。

 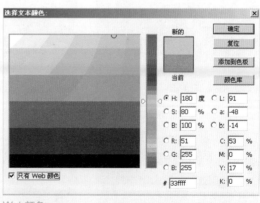

"选择文本颜色"对话框　　　　　　　　　Web颜色

❼ 变形文字：对文字进行变形，使文字的样式更加多样。单击该按钮后，弹出"变形文字"对话框，单击"样式"下拉按钮 ▾，选择需要的文字样式。

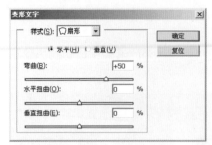

"变形文字"对话框

原图

扇形

下弧

上弧

拱形

凸起

贝壳

花冠

旗帜

波浪

鱼形

增加

鱼眼

膨胀

挤压

扭转

❽ 切换字符和段落面板：单击按钮 ▤，会显示或隐藏与文字相关的"字符"面板和与排版相关的"段落"面板。单击"字符"标签会显示"字符"面板，单击"段落"标签则会显示"段落"面板。

● 字符面板：应用该面板可以对文字的字体、大小以及间距、颜色、字间距、行间距、平行、基准线等进行详细的设置。

ⓐ 更改文本方向：将输入的文本更改为横向或者纵向。

ⓑ 仿粗体：文字以粗体显示。

ⓒ 仿斜体：文字以斜体显示。

ⓓ 全部大写字母：文字以大写字母显示。

ⓔ 上标：文字以上标形式显示。

ⓕ 下标：文字以下标形式显示。

ⓖ 下划线：在文字下方添加下划线。

ⓗ 删除线：在选中文字上添加删除线。

ⓘ 分数宽度：任意调整文字之间的间距。

ⓙ 系统版面：以用户系统的操作文字版面进行显示。

ⓚ 无间断：使文字不出现错误的间断。

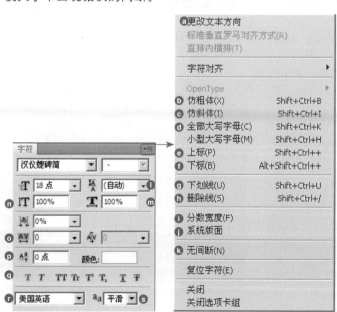

❶ 行间距：调整文字的行间距。单击下拉按钮 ，可以选择行间距的数值，也可以直接输入数值，默认选项为"自动"，值越大，间距越宽。

行间距: 自动　　　　　　　　行间距: 60　　　　　　　　行间距: 100

❶ 水平缩放：调整文字水平缩放比例。可以直接输入数值，默认选项为0%，值越大，宽度越大。

水平缩放: 100%　　　　　　　水平缩放: 50%　　　　　　　水平缩放: 200%

❶ 垂直缩放：在垂直的方向上调整文字的高度，默认值为100。如果所选的数值比默认值大，那么文字会被拉长。

垂直缩放: 100%　　　　　　　垂直缩放: 50%　　　　　　　垂直缩放: 150%

◉ 字间距：用于缩小或者放大文字的字间距。字间距的默认值为0，值越大，字符之间的距离越大。

字间距：0

字间距：100

字间距：300

◉ 基线偏移：调整文字的基线。默认值为0，如果设置的数值比默认值大，基线上移，相反则下移。

基线偏移：30

基线偏移：0

基线偏移：-30

◉ 样式：将文字改为粗体或者斜体，或者将其设置为上标或下标。

原文

仿粗体 **T**

仿斜体 *T*

全部大写字母 **TT**

小型大写字母 **Tr**

上标 **T¹**

下标 **T₁**

下划线 T̲   删除线 T̶

r 语言设置：选择文字的语言。

s 消除锯齿：设置文字的轮廓线形态。

● "段落"面板：指定文本的对齐方式
和缩进方式。

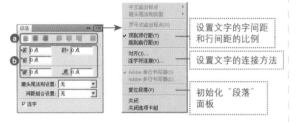

a 文本排版方式

左对齐

居中对齐

右对齐

最后一行左对齐

最后一行居中对齐

最后一行右对齐

全部对齐

b 缩进方式

左缩进 ：调整整个文本左侧的空白。

右缩进 :调整整个文字的右侧空白。

首行缩进 ：调整整个段落首行缩进。

段前添加空格 ：在文本末尾结束位置加入空格。

段后添加空格 ：在文本末尾结束位置加入空格。

连字：选择该项后，输入英文单词时，部分文字转入下一行时用连字符表示。

07 钢笔工具与图形工具

若想在图像中准确地建立选区，一般不使用选择工具，而是使用钢笔工具绘制路径然后转换为选区。使用图形工具可以快速绘制图形，并可组合成复杂的图形。下面将详细介绍钢笔工具与图形工具的使用方法。

▶▶ 创建矢量路径的钢笔工具

对钢笔工具应用的熟练程度是区分Photoshop的初、中、高级用户的标准之一。钢笔工具可以制作出复杂的曲线或者不规则的曲线和直线。通过单击开始点和结束点即可创建路径，创建后可调整路径上的点，制作出需要的形态。路径是由锚点相连构成的，它同时被称为贝塞尔曲线。

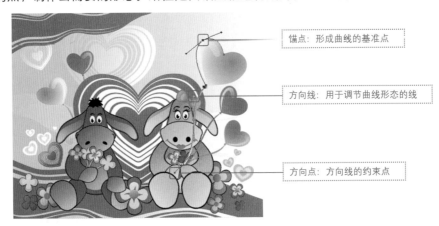

锚点：形成曲线的基准点

方向线：用于调节曲线形态的线

方向点：方向线的约束点

选择路径、锚点或方向点时使用	▶ 路径选择工具　A ▶ 直接选择工具　A	路径选择工具：快捷键A 直线选择工具：快捷键A
绘制、修改、变形矢量形式的路径时使用	✍ 钢笔工具　　　　P ✍ 自由钢笔工具　　P ✚✍ 添加锚点工具 ✍ 删除锚点工具 ▶ 转换点工具	钢笔工具：快捷键P 自由钢笔工具：快捷键P

可以任意创建直线或曲线路径

路径与分辨率无关，可任意变换大小和形态

范 例 操 作 ▶▶ 创建曲线路径

通过移动方向线可将路径变形为曲线形态。在开始学习的时候，可能会觉得比较困难，但是经过反复的练习之后，就会慢慢掌握钢笔工具的使用技巧。本例画出曲线路径，然后将其转换为选区，对选区内的画面进行调色。

◉ 原始文件　Ch02\Media\2-7-4.jpg

◉ 最终文件　Ch02\Complete\2-7-4.psd

1. 选择钢笔工具

⟳ **步骤01** 执行"文件>打开"菜单命令（Ctrl+O），打开素材文件"2-7-4.jpg"。

⟳ **步骤02** 使用缩放工具，放大图像后，选择钢笔工具✐，在属性栏中单击"路径"按钮。

2. 创建曲线路径

⟳ **步骤01** 单击小鸟边沿的任意位置作为路径开始点，然后沿着小鸟的边缘单击，勾画出整个小鸟的形状。遇到有弧度的边缘处，向后拖动控制点，在路径控制点处产生两个控制柄，拖动控制柄可以调整路径的弧度。

⟳ **步骤02** 最终回到路径的开始点，单击开始点将整个路径封闭。

3. 保存曲线路径

⟳**步骤01** 下面我们来保存前面绘制的路径，单击"路径"面板的扩展按钮▤，选择"存储路径"命令。

⟳**步骤02** 在弹出的"存储路径"对话框中，输入路径名称为"路径1"，然后单击"确定"按钮。

4. 将路径作为选区载入

⟳**步骤01** 下面我们将路径作为选区载入，在"路径"面板中单击"将路径作为选区载入"按钮 ▣ 。

⟳**步骤02** 可以看到，此时路径变成了选区。

⟳**步骤03** 执行"选择>修改>羽化"命令，在弹出的"羽化选区"对话框中设置羽化半径为2，单击"确定"按钮，完成羽化选区操作。

5. 调色

⟳**步骤01** 切换到"图层"面板，执行"图像>调整>色相/饱和度"命令或按下快捷键Ctrl+U。在弹出的"色相/饱和度"对话框中调整图像的色相和饱和度。

⟳**步骤02** 单击"确定"按钮，完成色相饱和度的调整。按下快捷键Ctrl+D取消选区。

更进一步 **了解"路径"面板**

下面详细介绍"路径"面板。

- : 用前景色填充路径。
- : 用画笔描边路径。
- : 将路径作为选区载入。
- : 从选区生成工作路径。
- : 创建新路径。
- : 删除当前路径。

储存的路径

当前操作的路径

快捷按钮

新建路径 ❶
复制路径 ❷
删除路径 ❸
建立工作路径 ❹
建立选区 ❺
填充路径 ❻
描边路径 ❼
剪贴路径 ❽
面板选项 ❾
关闭
关闭选项卡组

单击面板中扩展按钮后,弹出扩展菜单,下面介绍扩展菜单中各命令的含义。

❶ 新建路径 : 创建新路径,选择该命令后,会弹出"新建路径"对话框。

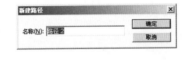

❷ 复制路径: 复制选定的路径。选择该命令后,会弹出"复制路径"对话框。

❸ 删除路径: 删除选定的路径。

❹ 建立工作路径: 将选区转换为工作路径。

❺ 建立选区: 将选定的路径转换为选区。

❻ 填充路径: 使用颜色或者图案填充路径内部。选择该命令后,会弹出"填充路径"对话框。

❼ 描边路径: 为选定的路径轮廓填充前景色,在"描边路径"对话框的"工具"下拉列表中,可以选择上色工具。

❽ 剪贴路径: 在路径上应用剪贴路径,其他部分则设置为透明状态。

❾ 面板选项: 选择该命令后,弹出"路径面板选项"对话框,调整路径面板的预览大小。

范 例 操 作 ▶▶ 为人物脸部添加文身效果

在操作过程中，如果需要将选区转换为路径，首先需要选中路径，然后在"路径"面板中单击"从选区生成工作路径"按钮。还可根据需要，利用钢笔工具或转换点工具对选区进行任意操作，以达到理想的效果。

● 原始文件　Chapter 02\07\Media\2-7-5/6.jpg
● 最终文件　Chapter 02\07\Complete\2-7-5.psd

1. 执行"色彩范围"命令

⟳ 步骤01 执行"文件>打开"菜单命令（Ctrl+O），打开素材文件"2-7-5.jpg"和"2-7-6.jpg"。

⟳ 步骤02 打开玫瑰花文件后，下面来设置选区。执行"选择>色彩范围"菜单命令。

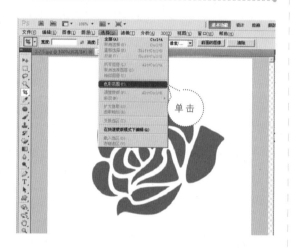

2. 将玫瑰花的背景色设置为选区

⟳ 步骤01 在弹出的"色彩范围"对话框中，将"颜色容差"设置为40，然后单击"确定"按钮。

⟳ 步骤02 从下图中，我们可以看到白色的背景部分被设置为选区。

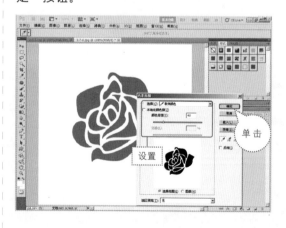

3. 翻转选区

🔄 **步骤01** 下面将红色玫瑰花部分转换为选区，执行"选择>反向"菜单命令（Ctrl+Shift+I）。

🔄 **步骤02** 此时，画面中可以看到，白色以外的红色部分被转换为选区。

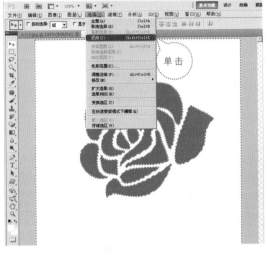

4. 将选区转换为路径

🔄 **步骤01** 在"路径"面板中单击"从选区生成工作路径"按钮 △ 。

🔄 **步骤02** 此时，画面中可以看到，白色以外的红色部分被转换为选区。

5. 复制路径

🔄 **步骤01** 在工具箱中选择路径选择工具，框选画面中的所有路径，按下快捷键Ctrl+C进行复制。

🔄 **步骤02** 切换到"2-7-5.jpg"图像窗口，按下快捷键Ctrl+V将路径粘贴到画面中。利用"编辑"菜单中的"自由变换路径"命令，调整路径的大小。

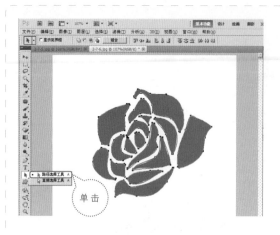

6. 调整路径的大小

🔄 **步骤01** 下面我们将玫瑰形态的路径调整到合适的大小，选择"编辑>变换路径>缩放"命令。

🔄 **步骤02** 显示出控制框后，拖动位于角上的锚点，调整大小。调整之后，按下键盘上的Enter键。

7. 将路径转换为选区

🔄 **步骤01** 在"路径"面板中单击"将路径作为选区载入"按钮 ○ ，将路径转换为选区。

🔄 **步骤02** 从画面中可以看到，玫瑰形态的路径被转换为选区。

8. 在选区中填充颜色

步骤01 下面我们为选区填充颜色。执行"编辑>填充"菜单命令（Shift+F5），弹出"填充"对话框，将"使用"选项设置为"颜色"。

步骤02 弹出"选取一种颜色"对话框，设置需要填充的颜色RGB值分别为254、42、112，然后单击"确定"按钮。再次弹出"填充"对话框，单击"确定"按钮。

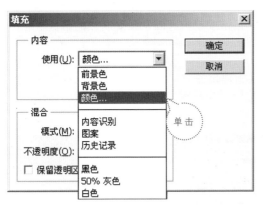

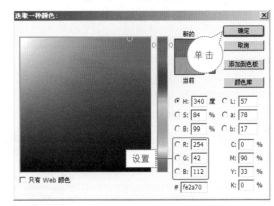

9. 完成蝴蝶制作

步骤01 填充设置的颜色后，图像效果如下图所示。

步骤02 执行"选择>取消选择"菜单命令（Ctrl+D），取消选区，此时，玫瑰花的轮廓部分填充了颜色，完成本实例的制作。

> **！ 提 示**
>
> 在制作过程中，所提到的色彩范围命令是选择现有选区或整个图像内指定的颜色或色彩范围。注意不可用于32位\通道的图像。

更进一步　**钢笔工具属性栏**

单击钢笔工具后，界面中会显示对应的属性栏。

❶ **设置路径形态按钮**：选择钢笔工具后，使用此处按钮，可以设置要制作的路径形态。此处按钮具体功能如下。

● **形状图层**：单击该按钮后，使用钢笔工具创建路径时，会按照前景色或者选定的图层样式填充区域。"图层"面板中显示"形状1"形状图层，"路径"面板中显示"形状1矢量蒙版"。

● **路径**：单击该按钮后，使用钢笔工具创建路径时，会生成路径，"路径"面板上显示"工作路径"。

● **填充像素**：单击该按钮后，利用钢笔工具绘制图形时，会以前景色填充区域，而不止生成图层和路径。

❷钢笔工具：调用钢笔工具 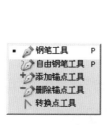。

通过拖动鼠标即可使用钢笔工具创建路径。一般在快速创建大致形态的路径时，会使用该工具。单击自由钢笔工具的下拉按钮，会显示出"自由钢笔选项"面板。在这里可以调整路径的对比值、宽度、拟合度等。

ⓐ 曲线拟合：用于调整创建路径的时候曲线部分的弯曲程度，数值越大，路径弯曲得越柔和。

ⓑ 宽度：调整路径的宽度。数值越大，路径宽度越大。

宽度: 10 　　宽度: 50 　　宽度: 100

ⓒ 对比：设置创建路径时颜色边线的对比值。数值越大，生成的路径越柔和。

对比: 5% 　　对比: 50% 　　对比: 100%

ⓓ 频率：设置创建路径的时候点的生成密度。数值越大，生成的点越密。

频率: 5 　　频率: 80 　　频率: 100

e 磁性的：每次选择自由钢笔工具的时候，都会显示该复选框。在勾选的状态下，将鼠标指针放到图像的轮廓上，单击并拖动鼠标，就会像磁铁一样被吸引，根据图像的边线制作出路径。

3 图形工具按钮：用于创建矩形、圆角矩形、圆形、多边形、线段、自定义图像等多种图形。

4 自动添加/删除：可以自动添加和删除点。勾选此复选框后，即自动激活添加/删除锚点功能。

5 设置可以更改目标图层的属性 ▦：单击"形状图层"按钮 ▢后，会显示该按钮。该按钮是开头按钮，单击可在打开和关闭之间切换。

6 样式：单击下拉按钮▯后，弹出样式下拉列表，在列表中可选择各种类型图形图案。

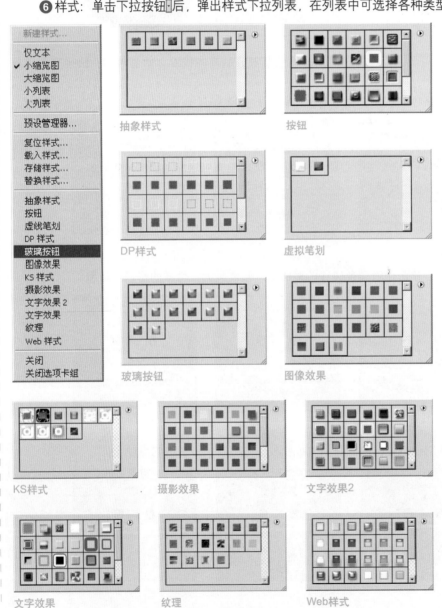

抽象样式　　　　　按钮

DP样式　　　　　虚拟笔划

玻璃按钮　　　　　图像效果

KS样式　　　　　摄影效果　　　　　文字效果2

文字效果　　　　　纹理　　　　　Web样式

▶▶ 可以绘制各种图形的图形工具

利用图形工具可以简单、轻松地制作出各种形态的图像，另外还可以组合多种形态的图像，制作出复杂的图形。接下来我们将学习图形工具的使用方法，掌握图形工具的应用技巧，可以为我们的工作节省大量时间。

使用图形工具，可以制作出漂亮的图形对象，并且不受分辨率的影响。

为了方便用户绘制不同样式的图形形状，Photoshop CS5提供了一些基本的图形绘制工具。利用图形工具可以在图像中绘制直线、矩形、椭圆、多边形和其他自定义形状。

用户在绘制形状后，还可根据需要对形状进行编辑。形状的编辑方法与路径的编辑方法完全相同。例如，可增加和删除形状的锚点，移动锚点位置，对锚点的控制柄进行调整，对形状进行缩放、旋转、扭曲、透视和倾斜变形、水平垂直翻转等。

默认情况下，用户在使用图形工具绘制图形时，形状图层的内容均以当前前景色填充。形状图层实际上相当于带图层蒙版的调整图层，形状则位于蒙版中。若想更改形状的填充内容，则需要更改图层内容。执行"图层>新建填充图层>纯色/渐变/图案"菜单命令，将形状图层更改相应的内容。

用于制作矩形、圆角矩形以及各种形态的图形		矩形工具：快捷键为U 圆角矩形工具：快捷键为U 椭圆工具：快捷键为U 多边形工具：快捷键为U 直线工具：快捷键为U 自定形状工具：快捷键为U

原图

使用图形工具制作花朵图形

范 例 操 作 ▶▶ 使用图形工具绘制花朵

图形工具主要用于绘制预设图形，在Photoshop CS5中选择需要的形状，即可快速制作出图形。下面我们将使用图形工具，制作花朵形态。

◉ 原始文件　Ch02\Media\2-8-2.jpg

◉ 最终文件　Ch02\Complete\2-8-2.psd

1. 选择图形工具

◎ 步骤01 执行"文件>打开"菜单命令（Ctrl+O），打开光盘中的素材文件"2-8-2.jpg"。

◎ 步骤02 在工具箱中右击图形工具，显示出隐藏工具列表后，选择自定形状工具 。

◎ 步骤03 在自定形状工具的属性栏中单击"形状图层"按钮 。

2. 制作花朵图像

◎ 步骤01 在属性栏中，单击"形状"下拉按钮 ，然后单击花朵形态的图标 。

◎ 步骤02 拖动绘制出粉紫色花朵形态。

3. 应用 "投影" 样式

选择 "图层>图层样式>投影" 菜单命令，为花朵形态应用投影效果。

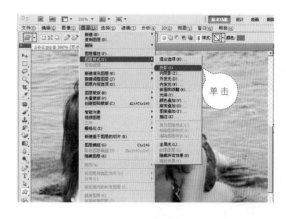

4. 设置图层样式参数

🔄**步骤01** 在弹出的 "图层样式" 对话框中，将 "角度" 值设置为30，改变阴影的方向。

🔄**步骤02** 勾选 "预览" 复选框后，单击 "确定" 按钮。此时，花朵形态的左下方显示了阴影效果。

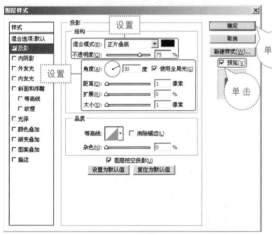

5. 应用 "渐变叠加" 样式

🔄**步骤01** 下面我们为花朵形态的图像填充渐变颜色，在 "图层样式" 对话框中，勾选 "渐变叠加" 复选框。

🔄**步骤02** 单击 "渐变" 下拉按钮，选择 "蜡笔" 渐变。

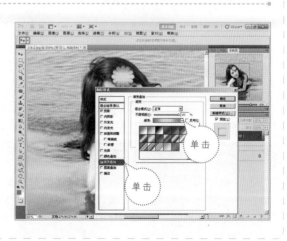

6. 设置渐变类型

🔄 **步骤01** 设置"样式"为"径向"，应用径向渐变。

🔄 **步骤02** 设置渐变的大小，将"缩放"值设置为150%，然后单击"确定"按钮。

🔄 **步骤03** 从画面中可以看到，已经按照"径向渐变"的方式为花朵应用了渐变填充效果。

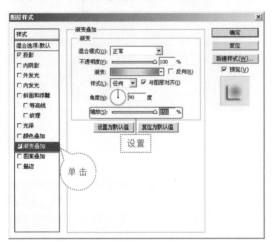

7. 制作小花形态的图形

🔄 **步骤01** 下面要添加一个小花图像。在属性栏中单击"创建新的形状图层"按钮□。

🔄 **步骤02** 选择▣图形，拖动绘制比之前略小的图像。

🔄 **步骤03** 从画面中可以看到小花形态的图像，并且自动应用了前面设置的图层样式，填充了相同的渐变颜色。

8. 应用"渐变叠加"样式

执行"图层>图层样式>渐变叠加"菜单命令，在小花形态的图像中改变渐变的颜色。设置渐变的大小，将"缩放"值设置为115%，我们可以看到小花形态的图形颜色发生了变化，应用了新的渐变颜色。

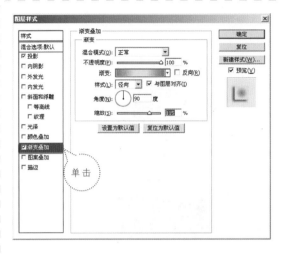

9. 旋转图形

⟳ **步骤01** 以花的中心为基准旋转图形，使新制作的小花图像与大花图形显示为错开的状态。

⟳ **步骤02** 执行"编辑>变换>旋转"菜单命令，小花图形上会显示控制框。

⟳ **步骤03** 将鼠标指针放到边角的锚点上，变为 时，拖动鼠标，旋转小花图形。

10. 制作圆形图形

⟳ **步骤01** 选择椭圆工具，在花朵形态的中间部分制作图形。这时弹出一个对话框，询问是否应用前面制作的旋转效果，单击"应用"按钮。

⟳ **步骤02** 拖动花朵的中心部分，制作出圆形图形。

11. 应用"斜面和浮雕"样式

步骤01 为了让圆形图形表现出凸起的效果，选择"图层>图层样式>斜面和浮雕"命令，应用"斜面和浮雕"样式。采用默认值。

步骤02 此时，我们可以看到圆形上应用了斜面和浮雕的效果。

更进一步 图形工具属性栏

下图为图形工具对应的属性栏。

❶ 设置路径形态按钮：在制作图形图层、路径、填充的时候，设置需要的样式。

❷ 图形工具：可以绘制矩形、圆角矩形、圆形、多边形、线段、自定义图形等经常使用的形状。各个工具的下拉列表各不相同，具体介绍如下。

矩形工具的下拉列表

- **a** 不受约束：按照鼠标拖动的方式随意制作出各种图形。
- **b** 方形：制作正方形。
- **c** 固定大小：通过输入数值，设定矩形图形的大小。
- **d** 比例：按照长、宽数值的比例绘制图形。
- **e** 从中心：单击的位置将成为绘制出的图形的中心。
- **f** 对齐像素：创建图形的时候，按照像素单位进行拖动。

直线形工具的下拉列表

- **a** 起点/终点：用于设置线段的开始点和结束点。
- **b** 宽度：设置线段的宽度。
- **c** 长度：设置线段的长度。
- **d** 凹度：创建线段的时候，对线段的残影进行柔和处理，以便可以与背景图像相符。

自定形状下拉列表

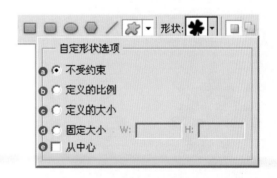

- **a** 不受约束：可以按照鼠标拖动的方式随意制作出各种图形。
- **b** 定义的比例：与选定的图形大小无关，按照初次提供的图形比例改变大小。
- **c** 定义的大小：按照初次尺寸绘制所选图形。
- **d** 固定大小：通过输入数值，调整绘制出的图形的大小。
- **e** 从中心：单击的位置将成为绘制出的图形的中心。

图形预置框：下拉列表中含有多种形态的图形，单击扩展按钮 ⊙，可以选择图库或者保存用户
自己制作的图形。

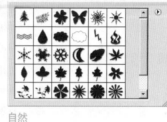
自然

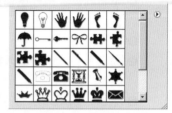
物体

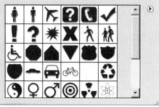
符号

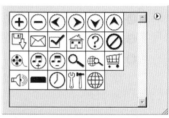
装饰

形状

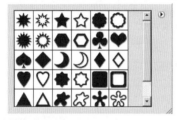
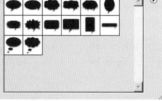
台词框

Web

❸ 图形运算工具：用于图形的合并、分离、交叉等运算，"创建新的形状图层"按钮 ▣
用于制作新的图形，其他的运算工具功能如下。

"添加到形状区域" ▣

"从形状中减去" ▣

"交叉形状区域" ▣

"重叠形状区域除外" ▣

下面我们为图形应用预设的样式，具体步骤如下。

↻ 步骤01 在工具箱中选择自定义形状工具，单击属性栏中形状下拉按钮▼，在下拉列表中
选择相应的图形。

↻ 步骤02 在"样式"面板中，选择需要应用在图形上的样式。这里我们单击"铬金光泽"
样式按钮 ▣，应用图层样式。

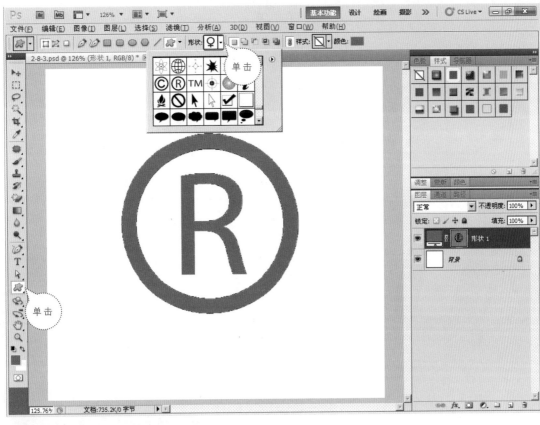

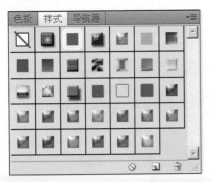

CHAPTER

03

掌握Photoshop
CS5的菜单
命令

"文件"菜单

利用"文件"菜单可以打开、保存和打印图片。这是Photoshop最基本的操作命令。虽然图像的创作非常重要，但是将制作的结果保存并打印出来也是非常重要的过程。下面我们将来介绍"文件"菜单中的各项操作命令。

▶▶ Photoshop CS5中文件管理命令

文件管理命令包括新建、打开、管理图片、优化和打印图片等，"文件"菜单中提供了从新建图片编辑窗口、打开图片文件到完成图像处理后保存图片，以及打印图片等命令。

1. "文件>新建"菜单命令（Ctrl+N）

此命令用于新建文件，选择该命令后弹出"新建"对话框，可设置图片大小、分辨率、背景色等选项。

❶ 预设：通过选择"自定"选项来自定义文件的大小，或直接采用Photoshop提供的固定的图像大小。

❷ 宽度/高度：在这里设置文件的大小。

❸ 分辨率：指定图像的清晰度。一般的印刷品要求清晰度达到300像素/英寸，如果是网页图片，则可以采用72像素/英寸的分辨率。

❹ 背景内容：设置文件的背景。选择"白色"可以将背景色设置为白色；选择"背景色"，则会采用当前工具箱中的背景色作为图像的背景；选择"透明"，则将背景设置为透明区域。

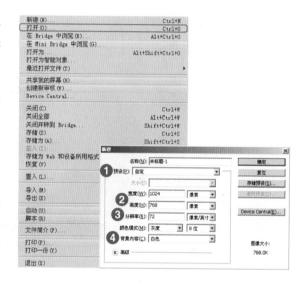

2. "文件>打开"菜单命令（Ctrl+O）

用于打开指定的图片文件。不仅可以打开Photoshop文件格式（＊.PSD），还支持Illustrator文件格式（＊.ai）、电子文档格式（＊.pdf）、胶片格式（＊.flm）等多种类型的文档格式。

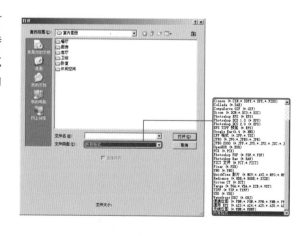

3. "文件>在Bridge中预览"菜单命令（Alt+Ctrl+O）

选择此命令后，显示Bridge窗口，在该窗口中，用户可以系统地管理与快速查找图片资源。通过树形的文件夹检索窗口，用户可以方便、快速地定位图片，并对图片进行旋转、删除、重命名、排序等操作。

❶ 通过树形结构，可以浏览主目录内容，单击 ▶ 按钮，即可浏览主目录下的各个子目录项目。

❷ 预览选定的图片内容。若想让图片显示得更清楚，则可以拖动预览窗口来放大图片。

❸ 此窗口中显示文件名称、文档类型、创建日期、修改日期、曝光时间、光圈值、焦距等信息。

❹ 图片以缩览图的形式显示在此窗口中，并显示文件名、文件创建时间等信息。

❺ 此区域可以对选定的图片进行顺时针或者逆时针方向旋转。

❻ 单击此按钮可以打开最近使用的文件。

❼ 单击此按钮，可以在当前的文件夹中创建一个新的文件夹。

❽ 切换到紧凑模式：可切换当前Bridge窗口的显示模式，紧凑模式将只显示缩览图窗口，其他的窗口不显示（如树形结构窗口、预览窗口等）。

❾ 删除项目：删除选定的项目。

4. "文件>打开为"菜单命令（Alt+Shift+Ctrl+O）

执行该命令将打开"打开为"对话框，可从"打开为"下拉列表中选择所需文件格式，单击"打开"按钮即可打开文件。

5. "文件>关闭"菜单命令（Ctrl+W）

将Photoshop中打开的图片关闭。如果用户对图片进行了修改，那么在关闭的时候会弹出询问是否保存对文件的修改的对话框。单击"是"按钮，将会保存修改过的文件；单击"否"按钮，则不保存修改的内容。

6. "文件>全部关闭"菜单命令（Alt+Ctrl+W）

将当前打开的所有文档全部关闭。

7. "文件>关闭并转换到Bridge"菜单命令（Ctrl+Shift+W）

这个命令是从CS2开始增加的命令，可关闭打开的图片文档并转到Bridge窗口中。

8. "文件>储存"菜单命令（Ctrl+S）

将打开的文档保存到磁盘中，如果是已经保存的图片，就会沿用原有的图片格式以及图片的名称进行保存，对话框中提供"作为副本"选项，可以在不影响原图的情况下只保存为图片的一个副本。

9. "文件>存储为"菜单命令（Shift+Ctrl+S）

此命令可以新的文件格式保存图片文件。
选择该命令后弹出"存储为"对话框。

❶格式：指定的文件格式不同，存储选项也会有所不同。

❷存储选项

● 作为副本：保存图片为副本。

● 注释：将图片文件中添加的注释信息也保存起来。

● Alpha通道：将图片中包含的Alpha通道一并保存。

● 专色：决定是否在保存图像时保存专色通道。

● 图层：保存图层信息。

● ICC配置文件：勾选该复选框，则将图片以标准RGB格式保存。

● 缩览图：保存图片预览缩览图。

● 使用小写扩展名：勾选该复选框后，图片后缀名将为小写字母。

● 提示框：根据保存文件格式不同，此处会显示不同的提示信息。

10. "文件>存储为Web和设备所用格式"菜单命令（Alt+Shift+Ctrl+S）

可以在优化、压缩图片或者调整颜色数之后进行保存。要应用于Web上的图片与原图相比，画质降低，容量减小。

11. "文件>恢复"菜单命令（F12）

将图片文件恢复为最近一次保存的状态。

12. "文件>置入"菜单命令

将Illustrator的AI格式文件以及EPS、PDF文件打开并导入到当前操作的文档中。

13. "文件>导入"菜单命令

可以导入PDF图片、利用数码相机拍的照片或者由扫描仪得到的图片。将数码相机或者扫描仪连接到计算机系统中，便可以在"导入"子菜单中看到相应项目。

14. "文件>导出"菜单命令

与"导入"命令相反，该命令用于导出Photoshop文档。

● 路径到Illustrator：将Photoshop中制作的路径导到Illustrator文档中时应用该选项。保存的路径可以在Illustrator中打开，并应用于矢量图形的创作中。

● Zoomify：允许在网页浏览器中通过鼠标放大或缩小图片，方便预览。单击鼠标左键可以放大图片，单击鼠标右键则可以缩小图片。

❶ 模板：选择制作的图片样式。
❷ 输出位置：指定创作作品的保存路径。
❸ 图像拼贴选项：指定图像拼贴大小。
❹ 浏览器选项：调整浏览器大小。

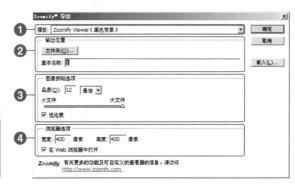

"模板"下拉列表框

15. "文件>自动" 菜单命令

此菜单中包含自动处理的相关命令。

16. "文件>文件简介" 菜单命令（Alt+Shift+Ctrl+I）

需要确认文件的信息或者要保存一些附加的信息时，可以使用该菜单命令。

此命令可显示图片的文档标题、作者、版权、版权信息、URL等信息。如果文件是数码照片，那么还会显示相机种类、拍摄日期、快门速度等相机数据。

17. "文件>打印" 菜单命令（Ctrl+P）

调整打印尺寸，打印当前的图片文件。

❶ 预览窗口：此处提供了图片预览效果。
❷ 位置：通过调整"顶"和"左"的参数值，调整打印图片的位置。如果勾选"图像居中"复选框，则会以打印纸的中央为准居中打印。
❸ 缩放后的打印尺寸：可以通过调整缩放值，放大或者缩小图片尺寸；另外，输入"高度"、"宽度"参数值，可精确调整图片的打印尺寸。

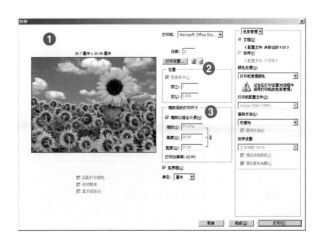

18. "文件>打印一份" 菜单命令

将打印的图片再打印一次。

19. "文件>退出" 菜单命令

退出Photoshop软件。

▶▶ Photoshop的"自动"菜单命令

1. "文件>自动>批处理" 菜单命令 ∙∙∙

　　"批处理"可自动执行"动作"面板中已定义的动作命令，即将多个命令组合在一起，作为一个批处理命令进行众多图片的处理操作。例如，要转换照片格式，如果利用Photoshop一个个地处理单个的文件，这会为工作带来很大麻烦。此时可以应用Photoshop CS5的"批处理"命令，将准备应用批处理的照片放到一个文件夹中，制作该处理操作的动作，然后执行"批处理"命令，并指定源文件夹和保存操作结果图片的目标文件夹，即可快速完成图片格式转换。

❶ 指定准备应用于图片的动作组以及动作。

❷ 选择要应用批处理的文件夹以及源文件。

❸ 单击"选择"按钮，指定源文件所在的文件夹位置。

❹ 勾选此复选框，若执行批处理的动作内容中包含"打开"命令，则将其忽略。

❺ 勾选此复选框，将对文件夹内的所有图片进行批处理。

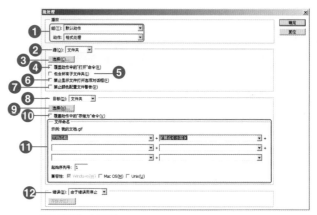

"批处理"对话框

❻ 勾选此复选框，将不显示打开选项对话框。

❼ 勾选此复选框，若有其他的颜色配置文件，则将其忽略。

❽ 用于设置应用批处理之后图片是否显示在Photoshop中。

● 无：应用批处理之后图片显示在Photoshop中。

● 存储并关闭：将图片保存并关闭。

● 文件夹：将应用批处理之后的结果图片保存在指定的文件夹中。

❾ 单击"选择"按钮，并指定要保存批处理的结果图片的文件夹。

❿ 勾选此复选框，若动作中包含"存储

为"命令，则将其忽略。

⓫ 指定在保存结果图片文件的时候，图片排序命名的规则。在文件名后可以按顺序追加阿拉伯数字、日期或者英文字母等。

⓬ 设置执行批处理的过程中发生错误时所显示的错误提示信息。

● 由于错误而停止：在执行动作的过程中发生错误时，弹出"错误提示"对话框，对话框中提供一个停止当前批处理的"停止"按钮。

● 将错误记录到文件：可以将错误提示信息保存到日志文件中，并通过查阅该日志文件找到问题所在。

2. "文件>自动>创建快捷批处理" 菜单命令 ∙∙∙∙∙∙∙∙∙∙∙∙∙∙∙∙∙∙∙∙∙∙∙∙∙∙∙∙∙∙∙∙∙∙∙∙∙∙∙

用于对图片进行快速优化处理。与动作或者批处理功能相似,但该功能具有更强的灵活性,用户可以简单地拖动图片到快捷批处理图标上来对图片执行优化动作。若将不同的动作制作成各种快捷批处理图标，则可以更加灵活地对其进行操作。

3. "文件>自动>条件模式更改"菜单命令

此命令可一次性更改图片的模式，在Photoshop中打开其他模式的图片后，将其一次性更改为指定的颜色模式，用户可以在"源模式"区域中选择准备变更的颜色模式，单击"确定"按钮完成相应的处理。

4. "文件>自动>联系表Ⅱ"

"联系表Ⅱ"命令可以将目录下所有的图片排列在一张图片中,极大地方便用户快速找到所需要的图片,应用"联系表Ⅱ"对话框提供的各选项功能，可以得到理想的排列形式。

❶ Source Images（源图像）：单击Browse（浏览）按钮,选择要排列的图片所在的目录。当勾选Include All Subfolders（包含所有子文件夹）复选框时，会将该目录下的子目录内的图片也一起排列。

❷ Document（文档）：可以设置多张图片排列而成的最终图片的整体尺寸以及分辨率、模式。

❸ Thumbnails（缩览图）：可以调整排列整理在一张图片文件夹中的各个图片的排列顺序和行、列数。

❹ Use Filename As Caption（使用文件名作题注）：设置是否显示所有排列的子图片的名称、文字字体和大小。

5. "文件>自动>裁剪并修齐照片"菜单命令

将图片中不必要的部分最大限度裁切之后，调整照片的倾斜度。例如右下图中的照片，应用此命令后可将多余的背景部分裁切，并摆正角度。

6. "文件>自动>图片包"菜单命令

将图片按照冲印的标准进行版面调整，可以在同一张打印纸中以多种版面打印照片。

"编辑"菜单

　　"编辑"菜单中提供与图片编辑相关的基本命令。在图像处理过程中，需要利用原图和其他图像素材对图像内容进行适当再加工。"编辑"菜单提供了各类的处理工具。本节我们将对其进行详细的讲解。

▶▶ 图像编辑命令

　　为了获得需要的图像，需要对图像进行裁切、复制等操作。"编辑"菜单提供了与此相关的编辑命令，用户还可以按照特定形态对图像进行扭曲、变形处理。

1. "编辑>还原"菜单命令（Ctrl+Z）

　　取消对图片所做的操作，恢复图片的原始状态。在进行图片操作的过程中，如果想要退回前一步的操作，我们就可以使用此命令。在还原后，将显示前一步操作时的状态。

2. "编辑>前进一步"菜单命令（Shift+Ctrl+Z）

　　将退回到前一步的图片效果，即取消一步。

3. "编辑>后退一步"菜单命令（Alt+Ctrl+Z）

　　与"前进一步"命令执行同样的操作，恢复执行"后退一步"命令之前的状态。

4. "编辑>渐隐"菜单命令（Ctrl+Shift+F）

"编辑"菜单

　　利用画笔工具或者铅笔工具等绘图工具描绘图形的时候，可以调整图像的不透明度和混合模式。

　　用画笔工具填充颜色后，选择"编辑>渐隐"菜单命令（Ctrl+Shift +F），弹出"渐隐"对话框，在对话框中，调整"不透明度"参数值，可以看到之前填充的颜色发生了改变。

5. "编辑>剪切"菜单命令（Ctrl+X）

　　将图片中指定的选区裁切下来，裁切后的区域将以背景色填充，而裁切下来的图片会临时保留在剪贴板中，并可通过"粘贴"命令进行粘贴操作。

6. "编辑>复制"菜单命令（Ctrl+C）

　　将选区中的图像复制到剪贴板中，应用"粘贴"命令，可以将选区内的图像粘贴出来。

7. "编辑>合并复制"菜单命令（Ctrl+Shift+C）

即使选区部分由多个图层组成，也可以直接将画面中选区部分临时复制到剪贴板中。

8. "编辑>粘贴"菜单命令（Ctrl+V）

将"剪切"和"复制"的图像粘贴出来。

9. "编辑>选择性粘贴>贴入"菜单命令（Ctrl+Shift+Alt+V）

将剪贴板中复制的图像粘贴到当前图片的指定选区内。

10. "编辑>清除"菜单命令

删除指定的选区，删除的部分将以背景色填充，删除部分将不被复制到剪贴板中，所以不能应用"粘贴"命令。

11. "编辑>拼写检查"菜单命令

对文档中输入的英文进行拼写检查，当发现有错误时，会给出提示。选择该命令后弹出"拼写检查"对话框。

❶不在词典中：将错误的拼写标示出来。
❷更改为：显示修正之后的拼写。
❸建议：显示类似的单词项。

12. "编辑>查找和替换文本"菜单命令

可以将图片中的文字替换为其他文字。选择该命令后，弹出"查找和替换文本"对话框。

❶查找内容：输入要替换的文字。
❷更改为：输入替换为的文字。
❸在此可设置其他替换文字相关选项。

13. "编辑>填充"菜单命令（Shift+F5）

在选区内填充颜色或者图案纹理。选择该命令后弹出"填充"对话框。

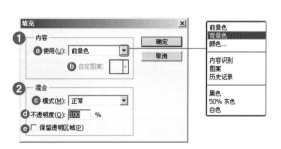

❶内容
ⓐ使用：指定如何填充选区。
● 前景色：用前景色进行填充。
● 背景色：用背景色进行填充。

- 颜色：由用户指定要填充的颜色。
- 图案：填充Photoshop中提供的图案纹理或者用户指定的纹理。
- 历史记录：填充原图。
- 黑色：为选区填充黑色。
- 50%灰色：填充50%的灰色。
- 白色：填充白色。
- ⓑ 自定图案：在"使用"中选择"图案"选项后，可以指定填充的图案。
- ❷ 混合
- ⓒ 模式：指定填充颜色的混合模式。
- ⓓ 不透明度：指定填充颜色以及图案纹理的不透明度。
- ⓔ 保留透明区域：在图层的透明区域之外填充颜色。

原图像

图案

50%灰色

内容识别

14. "编辑>描边"菜单命令

在选区外添加轮廓线。在"描边"对话框中，可以指定轮廓线的粗细以及颜色、位置和不透明度等属性。

- ❶ 宽度：指定轮廓线的粗细。
- ❷ 颜色：指定轮廓线的颜色。这里指定颜色之后，工具箱中的前景色也会发生改变。
- ❸ 位置：调整轮廓线的位置。
- ❹ 混合：指定轮廓线的混合模式和不透明度。

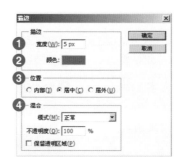

内部

居中

居外

15. "编辑>变换" 菜单命令

可以调整选区的大小以及形状。在应用同一命令之后，可以通过执行 "编辑>还原" 命令退回到原始状态，然后再应用下一个命令。

❶再次（Ctrl+Shift+T）：再次应用之前应用的变换命令。

❷缩放：调整选区的大小。

❸旋转：对选区进行旋转，在按住Shift键的同时拖动锚点可以以15°为单位进行旋转。

❹斜切：可以将选区倾斜。

❺扭曲：通过拖动锚点对图像进行变形。

❻透视：对选区进行适当的变形，使图像具有空间透视感。

❼变形：通过调节变形网格上各个控制手柄，对图像进行变换。

❽水平翻转/垂直翻转：将选区内容以水平/垂直方向进行翻转。

❶再次(A)	Shift+Ctrl+T
❷缩放(S)	
❸旋转(R)	
❹斜切(K)	
❺扭曲(D)	
❻透视(P)	
❼变形(W)	

旋转 180 度(1)
旋转 90 度(顺时针)(9)
旋转 90 度(逆时针)(0)

❽水平翻转(H)
垂直翻转(V)

原图

缩放

旋转

斜切

扭曲

透视

变形

旋转180

顺时针旋转90°

逆时针旋转90°

水平翻转

垂直翻转

16. "编辑>操控变形"菜单命令

可以在一张图像上建立网格，然后使用"图钉"固定特定的位置后，拖动需要变形的部位。

原图

操控变形

完成操控变形

17. "编辑>定义画笔预设"菜单命令

将选区内的图片定义为画笔。

18. "编辑>定义图案"菜单命令

将选定的区域图像定义为一个图案。

19. "编辑>自定义形状"菜单命令

将利用图形工具或者钢笔工具制作出来的图像定义为用户自定义图形。选择图形工具之后，该图形就会显示在图形属性栏的图形库中。

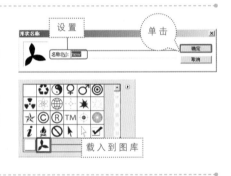

执行此命令，弹出"形状名称"对话框，在该对话框中输入图形名称之后单击"确定"按钮，即可将其载入到图形预置库中。

20. "编辑>清理"菜单命令

清除不必要的数据，以提高Photoshop的操作效率。应用"还原"命令可以将内存或者剪贴板中的数据以及分配到历史记录中的操作内容全部清除。

❶ 还原(U)
❷ 剪贴板(C)
❸ 历史记录(H)
❹ 全部(A)

❶ 执行"还原"命令，Photoshop将清除内存以及历史记录中保存的操作数据内容。
❷ "剪贴板"命令可清除"复制"命令保存在剪贴板中的数据。
❸ "历史记录"命令可将记录操作过程的历史记录面板中的相关数据清除。
❹ 执行"全部"命令将全部数据清除。

21. "编辑> Adobe PDF预设"菜单命令

PDF预设是一个预定义的设置集合，可以用来创建统一的Photoshop PDF文件。这些设置主要用来平衡文件的大小和品质，具体情况取决于如何使用PDF文件。Adobe PDF预设可在InDesign、Illustrator、Photoshop、Golive和Acrobat之间共用。

22. "编辑>预设管理器"菜单命令

在画笔、色板、渐变、样式、图案面板中，修改或者删除预设样式时，可以应用此命令。

23. "编辑>颜色设置" 菜单命令（Ctrl+Shift+K）

为了优化显示器中的颜色和印刷品的颜色，可以调整RGB、CMYK或者Gray颜色值。

24. "编辑>指定配置文件" 菜单命令

这个命令是从Photoshop CS2开始新增的命令，用于指定配置文件。

25. "编辑>键盘快捷键" 菜单命令（Ctrl+Shift+Alt+K）

在Photoshop中，可以自定义各菜单项或者工具、面板的相关命令的快捷键，或者对原有快捷键进行调整，还可以将快捷键列表以Web文档方式简单地加以修改并保存起来。选择该命令后弹出"键盘快捷键和菜单"对话框。

❶ 组：可以选择Photoshop默认设置提供的快捷键设置，也可以选择用户自定义的快捷键设置。

❷ 快捷键用于：选择要修改其快捷键的Photoshop菜单或者面板菜单、工具。

❸ 应用程序菜单命令：显示Photoshop提供的菜单项。通过单击快捷键，用户可以修改相应的快捷键设置。

❹ 确定：保存快捷键修改结果。

❺ 复位：取消对快捷键的修改。

❻ 使用默认值：采用默认的快捷键设置。

❼ 添加快捷键：增加快捷键。

❽ 删除快捷键：删除为该命令所指定的快捷键。

❾ 摘要：以网页形式输出快捷键的定义。

指定Photoshop界面中基本菜单快捷键

指定面板菜单快捷键

指定工具的快捷键

26. "编辑>菜单" 菜单命令（Ctrl+Shift+Alt+M）

用于设置菜单的显示和隐藏，用户可以根据需要显示或隐藏指定的菜单命令。也可以突出显示菜单命令，指定菜单命令的显示颜色，以方便辨认。选择该命令后弹出"键盘快捷键和菜单"对话框。

❶ 显示或隐藏菜单命令

可以在一种菜单显示类型的基础上，增加或减少菜单命令的显示。在"菜单类型"下拉列表框中选择要显示或隐藏的菜单命令对应的菜单类型。用户可以对应用程序的菜单命令进行操作，也可以选择"面板菜单"选项对面板菜单命令进行显示和隐藏操作，在此选择"应用程序菜单"选项。

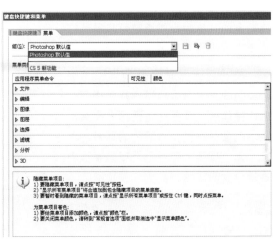

单击"应用程序菜单命令"列表框中的命令，展开对应的详细菜单命令。

单击"可见性"眼睛图标，即可显示或隐藏该菜单命令，此处单击眼睛图标，将其隐藏。

可以看出，此功能可以简化菜单命令，使菜单更加符合操作习惯。

❷ 突出显示菜单命令

通过突出显示菜单命令，可以使特定的菜单命令以指定颜色显示在菜单中，达到突出显示的效果。

突出显示菜单命令的操作与显示或隐藏菜单命令的操作基本相同，但在操作时，需要在对话框中要突出显示的命令右侧，（颜色的下方）单击"无"按钮，在颜色下拉列表框中选择需要的颜色。

颜色下拉菜单

未突出显示

突出显示后

27. "编辑>首选项" 菜单命令

调整Photoshop环境设置的相关选项，该命令可打开"首选项"对话框，提供11个选项面板，可以通过单击"上一个"和"下一个"按钮，依次在对话框中进行设置。

常规：设置Photoshop的常规操作环境。

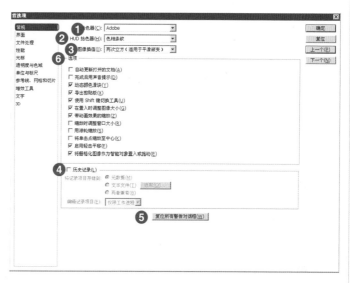

① 拾色器：选择Photoshop中使用的颜色拾取器的类型。

② HUD拾色器：HUD拾色器是CS5中新增加的拾色器。对于使用Photoshop画CG的人来说，这是个非常不错的改进，可以更加方便快捷地取色，因不需要去打开传统的取色面板来改变当前颜色。在"HUD 拾色器"下拉列表框中选择"色相条纹"选项，显示垂直拾色器，选择"色相轮"选项，则显示圆形拾色器。

③ 图像插值：设置图片的形态以及大小改变时像素的组合形式。

④ 历史记录：指定将LOG文件保存为文本文件。

⑤ 复位所有警告对话框：重置所有Photoshop的警告信息。

⑥ 选项：在此可设置如下多个环境选项。

- 自动更新打开的文档：在执行多个程序进行的图片创作时，在修改图片内容之后，自动将其他程序中的图片也同时更新。
- 完成后用声音提示：勾选该复选框后，在Photoshop中操作进度完成后，会出现咚的一声提示音，比如应用滤镜后，会发出提示音，以提示用户完成操作。
- 导出剪贴板：关闭Photoshop之后，保存在剪贴板中的内容可以应用于其他程序中。
- 使用Shift键切换工具：在勾选此复选框后，启动Photoshop时，Bridge将自动启动。
- 在置入时调整图像大小：从其他编辑软件复制图像并粘贴到Photoshop中时，会在图像四周出现调整定界框，可以调整图像大小，如果不勾选此复选框，则粘贴时按实际大小进行粘贴，不出现调整定界框。
- 带动画效果的缩放：可以在按住缩放工具时进行连续缩放。
- 缩放时调整窗口大小：如果没有勾选此复选框（默认不勾选），则无论怎样放大图像，窗口大小都会保持不变。如果用户使用的显示器比较小，或者是在平铺视图中工作，此选项会有所帮助。
- 用滚轮缩放：可以使用鼠标上的滚轮进行缩放。

- 将单击点缩放至中心：以单击的位置为中心显示缩放视图。
- 启用轻击平移：如果计算机有 OpenGL，则可以使用抓手工具在要查看的方向上 "轻击平移" 图像。出现快速鼠标手势后，图像将移动，就像是用户一直在拖动一样。
- 将栅格化图像作为智能对象置入或拖动：默认情况下，Photoshop会创建智能对象图层。要从拖动的文件创建标准图层，则要取消勾选此复选框。如果置入的文件是多图层图像，则新图层上会出现拼合的版本。

界面：设置Photoshop的操作界面。

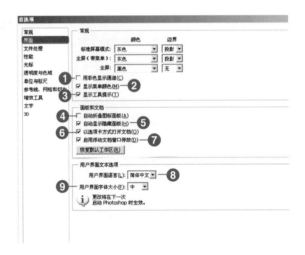

❶ 用彩色显示通道：可以更改默认设置，以便用原色显示各个颜色通道。当通道在图像中可见时，在面板中该通道的左侧将出现一个眼睛图标 👁 。

❷ 显示菜单颜色：此复选框默认为勾选状态，勾选后，可以利用 "编辑>菜单" 命令来设置菜单的颜色，这个功能主要用于将常用的菜单命令设置成彩色的，之后在选择菜单命令时，可以轻松看到并选择该菜单命令。

❸ 显示工具提示：勾选此复选框可以显示工具的提示内容。

❹ 自动折叠图标面板：此复选框默认为取消勾选状态，只在面板停靠吸附于边栏的时候起作用，比如将 "图层" 面板吸附于边缘，打开 "图层" 面板，编辑图层中的内容，完成操作后， "图层" 面板会自动收缩。勾选此复选框的目的是节省视图空间。

❺ 自动显示隐藏面板：可以暂时显示隐藏面板。

❻ 以选项卡方式打开文档：打开多个文件时，文档窗口将以选项卡方式显示。

❼ 启用浮动文档窗口停放：停放即是一组文档窗口组合在一起显示，可通过将窗口移到停放中或从停放窗口中移走来停放或取消停放窗口。

❽ 用户界面语言：设置操作界面的语言。

❾ 用户界面字体大小：设置用户操作界面的字体大小。

文件处理：设置文件共享相关的服务器应用选项。

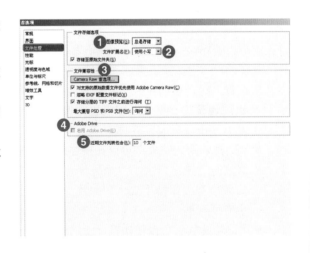

❶ 图像预览：在保存图片的时候设置预览窗口。

❷ 文件扩展名：指定文件扩展名的大小写格式。

❸ 文件兼容性：设置不同Photoshop版本文件的兼容性。

❹Adobe Drive: 启用Adobe Drive可以连接到Version Cue CS5服务器。在电脑中，已连接的服务器类似于已安装的硬盘驱动器或映射网络驱动器。通过Adobe Drive连接到服务器时，用户使用多种方法打开和保存Version Cue文件。可以使用资源管理器或Finder窗口以及"打开"、"导入"、"导出"、"置入"、"保存"或"另存为"对话框。

❺近期文件列表包含: 用于设置最近Photoshop所用文件列表中包含的文件个数。

性能: 进入"性能"选项面板，历史记录和缓存级别保持默认的20和4即可，配置较高的计算机可以设置得高一些，暂存盘一定要设置在除了C盘以外的剩余空间比较大的磁盘内。

❶内存使用情况: 在这里我们可以查看到内存的使用情况。

❷历史记录与高速缓存: 如果计算机配置不够高，一般将"历史记录状态"设置为20，将"高速缓存级别"设置为4。

● 高而窄: 图层多且尺寸小。

● 默认: 尺寸和图层数皆适中。

● 大而平: 尺寸大且图层少。

❸暂存盘: 将暂存盘设在除C盘以外剩余空间较大的磁盘内。

❹启用OpenGL绘图: 启用OpenGL绘图后，可在处理大型或复杂图像（如3D文件）时加速视频处理速度。OpenGL需要支持OpenGL标准的视频适配器。在支持OpenGL的系统上打开、移动和编辑3D模型时，性能将显著提高。如果OpenGL在系统上不可用，则 Photoshop会使用基于软件的光线跟踪渲染来显示3D文件。

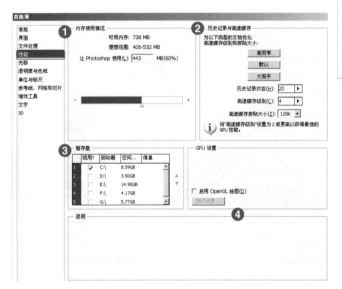

光标: 在此选项面板中可以更改画笔笔尖的鼠标指针样式。绘画工具有三种指针样式: 标准（工具箱中的图标）、十字线以及与当前选定的画笔笔尖的大小和形状相匹配的指针样式。

❶绘画光标: 指定在应用绘图工具的时候鼠标指针的形状。

❷其他光标: 设置工具箱中除绘图工具以外的其他工具鼠标指针形状。

❸画笔预览: 预览画笔的颜色。

透明度与色域：在图层中设置透明部分的颜色和形状。

❶ 网格大小：设置透明区域的网格大小。

❷ 网格颜色：设置网格的颜色。

❸ 色域警告：将RGB模式更改为CMYK模式并进行打印的时候，预先显示无法表现的颜色区域。执行"视图>色域"菜单命令之后，将会检测打印时的更选区域，并以灰色色标表示出来，此时，可以将此灰色区域更换为其他颜色。

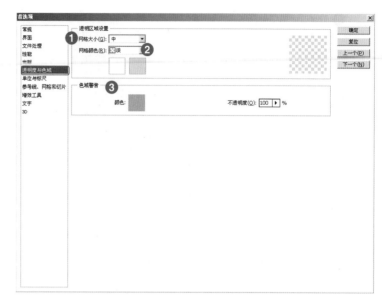

原图像

将背景指定为透明区域

将"网格大小"设置为"大"

单位与标尺：设置Photoshop中的应用单位。

❶ 单位：指定标尺的单位。

❷ 列尺寸：通过调整"宽度"和"装订线"值，调整图片的大小。

❸ 新文档预设分辨率：设置"打印分辨率"以及"屏幕分辨率"。

❹ 点/派卡大小：根据打印机的性能，调整每英寸的点数。

参考线、网格和切片：调整参考线、网格和切片的颜色、样式等属性。

❶ 参考线：此区域用于设置参考
　线的颜色和样式。

● 颜色：设置参考线的颜色。

● 样式：调整参考线的样式。

❷ 智能参考线：智能参考线多用
　于切片中，它自动根据切片的
　位置进行显示。实际上，它和
　参考线的作用是一样的。

❸ 网格：此区域用于设置网格线
　的颜色、样式、网格线间隔和
　分隔个数。

● 颜色：调整网格线的颜色。

● 样式：调整网格线的样式。

● 网格线间隔：调整网格线的间
　隔。基本设置为25毫米。

● 子网格：调整网格线和网格线
　之间的网格个数。

❹ 切片：隐藏分割区域的切片线
　的颜色和切片序号。

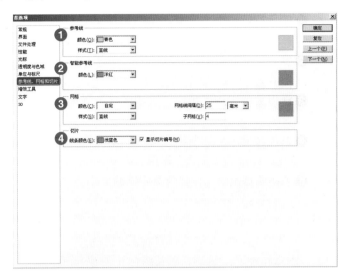

样式：直线

样式：网点

样式：虚线

增效工具：增效工具模块是由Adobe Systems以及其他软件开发者合作开发的软件程序，旨在增添Photoshop的功能。程序附带了许多导入、导出和特殊效果增效工具。这些增效工具自动安装在Photoshop增效工具文件夹内。

❶ 附加的增效工具文件夹：用于
　添加插件目录。可以在这里设置
　Photoshop提供的插件之外的其
　他插件程序目录。能够大大加强
　Photoshop的编辑功能。

❷ 扩展面板：用于设置扩展的各
　个选项。

● 允许扩展连接到Internet：勾选
　此复选框后，用户便可以将扩
　展连接到网络上。

● 载入扩展面板：对扩展面板进
　行载入操作。

● 在应用程序栏显示CS Live选
　项：CS Live是一套在线服务，它不仅可以控制Web连接性能，并且可以与Adobe Creative
　Suite 5集成，以简化创作审阅流程、加快网站兼容性测试等。

文字：此选项面板用于设置文字属性。

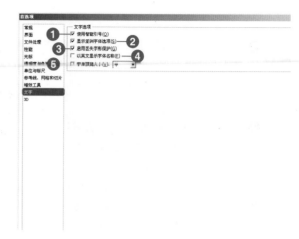

❶ 使用智能引号：设置是否在使用文字工具输入时自动替代左右引号。

❷ 显示亚洲字体选项：设置是否在面板中显示中文、日文以及韩文选项。

❸ 启用丢失字形保护：可以使文字正常地显示。

❹ 以英文显示字体名称：勾选此复选框，Photoshop将以英文显示中文字体名称。

❺ 字体预览大小：设置预览字体的大小。

3D：Photoshop CS5支持多种3D文件格式。用户可以处理和合并现有的3D对象、创建新的3D对象、编辑和创建3D纹理，以及组合3D对象与2D图像。

❶ 可用于3D的VRAM：用于设置Photoshop 3D Forge（3D引擎）可以使用的显存（VRAM）量。Photoshop中的一些3D功能需要使用支持OpenGL 2.0且至少具有256MB VRAM的图形卡。

❷ 3D叠加：此区域用于指定各种参考线的颜色，从而在进行3D操作时，按不同颜色显示可用的3D场景组件。

❸ 说明：对选择的区域名称进行说明。

❹ 交互式渲染：用于设定进行3D对象交互时Photoshop的渲染选项。

● OpenGL：选择OpenGL单选按钮，将在3D对象进行交互时始终使用硬件加速。

● 光线跟踪：选择"光线跟踪"单选按钮，将在与3D对象进行交互时，使用Adobe Ray Tracer。如果要在交互时查看阴影、漫反射或折射，则启用此选项，但会降低性能。

❺ 地面：用于设置进行3D操作时地面参考线的相关属性。

❻ 光线跟踪：当3D场景面板的"品质"设为"光线跟踪最终效果"时，此区域可定义光线跟踪渲染器的图像品质阈值。如果设置较小的值，则在某些区域（柔和阴影、景深模糊）中的图像品质减低时，将立即自动停止光线跟踪。

❼ 3D文件载入：指定3D文件载入时的行为。

● 现用光源限制：设置现用光源的初始限制。如果载入的3D文件中的光源数量超过该限制，则光源在一开始即被关闭。用户可以利用光源对象旁边的眼睛图标打开这些光源。

● 默认漫射纹理限制：设置漫射纹理不存在时，Photoshop将在材质上自动生成的漫射纹理的最大数量。如果3D文件具有的材质数量超过此数量，那么Photoshop将不会自动生成纹理。漫射文件是在3D文件上进行绘画所必需的。如果用户在没有漫射纹理的材质上绘画，那么Photoshop将提示用户创建纹理。

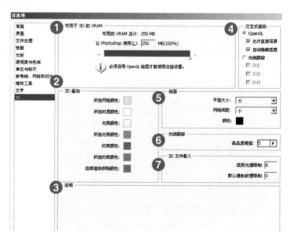

03 "图像"菜单

"图像"菜单中包含的是图像调整最常用的一些命令。例如把灰度模糊的照明处理得更加清晰，将照片的颜色改为更有冲击力的色调，或者配合图像构图进行裁切或旋转操作等。

▶▶ 调整图像的命令

使用"图像"菜单中的命令，可以改变原图像的颜色模式以及图像的尺寸，并可以裁剪出需要的部分。数码相机用户如果想修改自己拍摄的照片，就必须要掌握"图像"菜单中的这些命令。比如将最终的制作结果调整为最佳的图像尺寸，或者按照需要的方向进行旋转的命令，这在照片的打印输出中尤为重要。

1. "图像>模式"菜单命令 ----------

此命令可设置图像的颜色模式。

2. "图像>图像旋转"菜单命令 ----------

此命令用于旋转或翻转整个图像。

3. "图像>裁剪"菜单命令 ----------

此命令用于裁切选区外的图像。

4. "图像>显示全部"菜单命令 ----------

当有图像位于工作区外面时，此命令可放大工作区，以显示出全部图像。

5. "图像>复制"菜单命令 ----------

此命令可创建当前打开图像的副本。

6. "图像>应用图像"菜单命令 ----------

此命令可合成相同大小的两个图像。

7. "图像>计算"菜单命令 ----------

应用数学运算设置构成图像的通道以调整颜色。

8. "图像>调整"菜单命令 ----------

此命令可调整图像的色彩。

9. "图像>自动色调"菜单命令 ----------

对图像的色调进行调整。

10. "图像>图像大小"菜单命令（Alt+Ctrl+I）----------

此命令可调整图像的尺寸和分辨率。

11. "图像>画布大小"菜单命令（Alt+Ctrl+C）----------

此命令可调整工作区域的大小。

12. "图像>变量"菜单命令 ----------

可以将设计方案的某一个图层指定为变量，然后用不同的数据来为此变量赋值，此处所指的数据就是用于替换指定为变量图层的图像。

13. "图像>应用数据组"菜单命令 ----------

通过"应用数据组"操作，可将当前操作的有变量的图像改为赋予新值的图像外观。

14. "图像>陷印"菜单命令 ----------

输出图像的时候，重叠图像的边线部分，防止边线错位。

▶▶ 调整图像的颜色模式

在"图像>模式"子菜单中，提供了各种设置图像颜色模式的命令，可以根据需要，从中选择黑白或者彩色，用于打印或网络的颜色模式。

1."图像>模式>灰度"菜单命令

删除彩色图像的颜色信息，转换为黑白图像。虽然看上去是黑白图像，但因为从白色到黑色之间共有256色（8位），所以图像显得很清晰。

打开配套光盘中的"3-3-1.jpg"文件，执行"图像>模式>灰度"菜单命令，弹出"信息"对话框，然后单击"扔掉"按钮，这样就可以把图像转换为黑白模式了。

2."图像>模式>位图"菜单命令

位图模式可以在切换到灰度颜色模式后使用，它通过黑色和白色来表现图像。灰度模式通过256级别颜色来表现黑白图像，而位图模式则只通过黑色和白色来显示图像，所有表现效果会比较粗糙。

制作位图模式的图像时，首先执行"图像>模式>灰度"菜单命令，将图像转换为灰度图像，然后执行"图像>模式>位图"菜单命令，弹出"位图"对话框，单击"确定"按钮，这样就可以将图像转换为位图模式。

❶分辨率：设置要创建的位图图像的分辨率。
●输入：显示当前正在应用的图像的分辨率。
●输出：根据打印机的种类，重新设置图像的转换模式。
❷方法：调整位图转换模式。

50%阈值

图案仿色

扩散仿色

半调网屏

自定图案

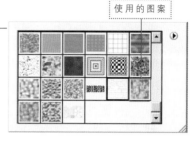
使用的图案

3. "图像>模式>双色调" 菜单命令

此颜色模式利用1至4种颜色的墨水，在灰度模式的黑白图像上表现彩色效果。

步骤01 执行"图像>模式>双色调"菜单命令，弹出"双色调选项"对话框。单击油墨1的双色调曲线，弹出"双色调曲线"对话框。

步骤02 单击曲线的中间部分，然后向下拖动。图像的高光部分变得更亮了。下面我们将曲线的右侧向上拖动。

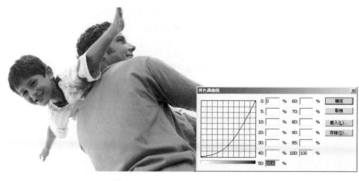

步骤03 此时，图像的阴影部分更暗了，图像的整体颜色对比更加明显。

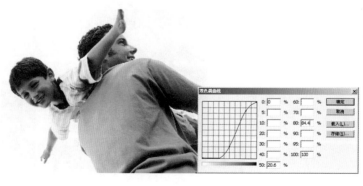

4. "图像>模式>索引颜色" 菜单命令

此命令可制作文件容量较小的图像。主要用于制作网页上的图像，它可以通过256色来表现颜色。因为必须通过8位来表现图像的颜色、亮度、饱和度，所以图像的精确度会下降，因此不适合打印输出，更适合用于网页设计或者制作游戏图像。选择此命令后弹出"索引颜色"对话框。

索引模式的通道

❶ 调板：根据图像的用途设置颜色形式。
- 输出：根据打印机的种类，重新设置图像的转换模式。
- 实际：可以在256色以下的颜色表现图像时使用。
- 系统：按照Mac OS/Windows配置使用颜色。
- Web：设置216种颜色，用于网页设计。
- 平均：在色谱中，显示为样本颜色面板。
- 局部：利用与原图像最类似的颜色来转换图像。
- 全部：调整颜色，更准确地表现原图像的颜色。
- 自定：用户可以任意修改并使用面板。
- 上一个：使用最近被选定的自定义面板。

❷ 颜色：设置表现图像的颜色数。数值越小，表现出来的图像颜色效果越粗糙。

❸ 仿色：柔和地表现颜色的边线，一般用于通过比较少的颜色数表现图像的颜色。

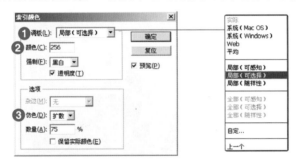

5. "图像>模式>RGB颜色" 菜单命令

混合的三原色R（Red）、G（Green）、B（Blue），可以从视觉上识别颜色。RGB颜色模式是显示器中使用的颜色体系，如果混合了所有颜色，就会表现为白色。查看"通道"面板，就会发现这里是由红、绿、蓝3个通道以及把它们全部混合在一起的RGB通道构成的。

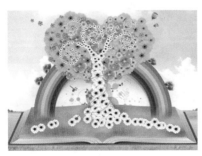

6. "图像>模式>CMYK颜色"菜单命令

这种模式把K（Black）混合到颜色的三原色C（Cyan）、Y（Yellow）、M（Magenta）中，以此来表现颜色。CMYK颜色模式是一种用于打印输出的颜色模式，如果混合所有的颜色，就会表现为黑色。

查看"通道"面板，可以看到这里是由青色，黄色、洋红、黑色4个通道以及把它们全面混合在一起的CMYK通道构成。

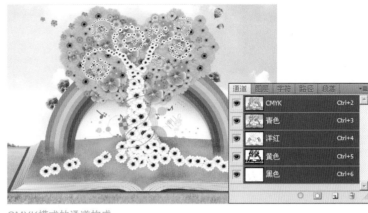

CMYK模式的通道构成

7. "图像>模式>Lab颜色"菜单命令

这种模式可以在输出过程中减少显示器或者打印机等硬件颜色差异。查看"通道"面板，我们可以看到由Lab、明度、a、b这4个通道构成。

Lab模式的通道构成

明度

a

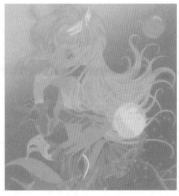

b

8. "图像>模式>多通道"菜单命令

多通道模式图像在每个通道中包含256个灰阶，原始图像中的通道在转换后的图像中将变为专色通道。索引颜色和32位图像无法转换为多通道模式。

多通道模式的通道构成

▶▶ "图像>调整"菜单命令

Photoshop CS5提供了多种功能，可以轻松进行数码图像的处理。特别是在"图像>调整"子菜单中，集中了各种可以调整或修改图像色调的命令。

1. "图像>调整>亮度/对比度"菜单命令 -----------------------------------

此命令可调整图像的亮度和对比度。亮度的数值越大，构成图像的像素就会越亮，对比度的数值越大，高光和阴影的颜色对比就越强烈，图像越清晰。

❶ 亮度：调节图像亮度，数值越大，图像越亮。
❷ 对比度：调节图像对比度，数值越大，图像越清晰。

调整图像的亮度/对比度

2. "图像>调整>色阶" 菜单命令

"色阶" 命令可以对亮度过暗的照片进行充分的颜色调整，应用"色阶"命令后，在弹出的"色阶"对话框中显示直方图，利用下端的滑块可以调整颜色。

❶ 通道：用于选择要调整的图像通道。

❷ 输入色阶：输入数值或者拖动直方图下端的3个滑块，以高光、中间色、阴影为基准调整颜色对比。

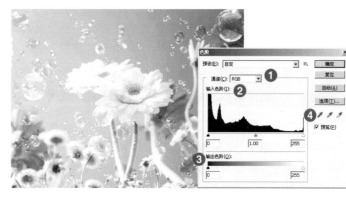

向左拖动高光滑块，图像中亮部会变得更亮。

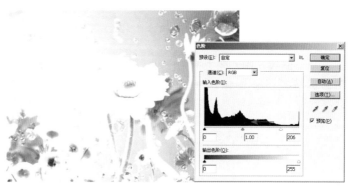

向左拖动中间色滑块，中间色会变亮，图像会整体变亮。

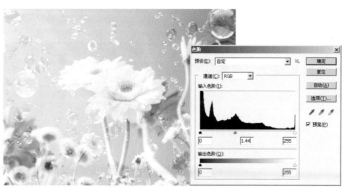

向右拖动阴影滑块，图像中阴影部分会变得更暗。向左拖动高光滑块，则可以得到颜色对比非常强烈的图像。

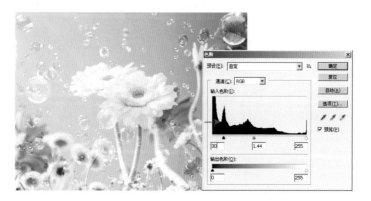

❸ 输出色阶：在调节亮度的时候使用，与图像的颜色无关。

❹ 颜色吸管：依据吸取的图像颜色来改变亮度值。

● 设置黑场 🖊：将黑色吸管选定的像素被设置为阴影像素，改变亮度值。

● 设置灰点 🖊：将灰色吸管选定的像素被设置为中间亮度的像素，改变亮度值。

● 设置白场 🖊：将白色吸管选定的像素被设置为中间亮度的像素，改变亮度值。

3. "图像>调整>曲线"菜单命令（Ctrl+M）

应用"曲线"命令后，弹出"曲线"对话框，可以利用曲线精确调整颜色。查看"曲线"对话框的曲线框，可以看到，曲线根据颜色的变化，被分成了上端的高光部分，中间的中间色部分和下端的阴影部分。

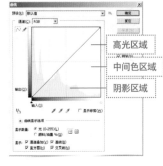

单击曲线左端，向上拖动，阴影区域减少，图像从整体上变亮。

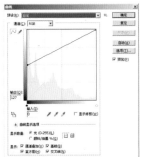

单击曲线右端，向下拖动，高光区域减少，图像从整体上变暗。

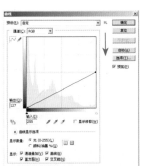

单击曲线中间部分，向上拖动，中间色区域增加，中间色变亮。

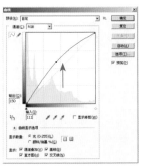

将曲线三等分，调整为S形后，高光和阴影区域增加，加强了整个图像的颜色对比。

4. "图像>调整>曝光度" 菜单命令

　　此命令用于调整图像的曝光度。

5. "图像>调整>自然饱和度" 菜单命令

　　通过调整"自然饱和度"和"饱和度"参数值，对图像色调进行调整。选择该命令后会弹出"自然饱和度"对话框。

6. "图像>调整>色相/饱和度" 菜单命令（Ctrl+U）

　　"色相/饱和度"命令可以改变颜色的亮度、饱和度、颜色。在"色相/饱和度"对话框中，含有可以调整颜色的"色相"滑块，可以调整饱和度的"饱和度"滑块，以及可以调整颜色亮度的"明度"滑块。

❶ 预设：该选项用于选择要调整的基准颜色，单击下拉按钮 ▼ ，选择要改变的色系。

原图像

将"编辑"设置为"红色"
后，调整饱和度值，绿色背景的饱
和度也会一同提高。

将"编辑"设置为"绿色"
时，拖动"色相"滑块，可以将绿
色背景改变为需要的颜色。

❷ 色相：该选项用于改变图像的颜色，拖动滑块或者输入数值即可。

❸ 饱和度：该选项用于改变图像的饱和度，数值越小，图像越接近黑白图像。

❹ 明度：该选项用于调整图像的亮度，数值越大，图像越亮。

将"编辑"项设置为"全
图"，向右拖动"色相"滑块，可
以改变图像颜色。

向左拖动"饱和度"滑块，饱
和度会降低，图像越接近于黑白图
像，相反，向右移动"饱和度"滑
块，可以提高图像饱和度。

向右拖动"明度"滑块，图
像会变得更亮，相反，如果向左
移动，图像会变暗。

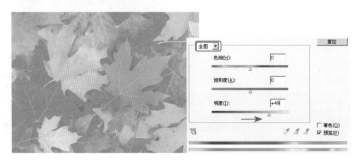

❺着色：此复选框可以调整图像的颜色、饱和度和亮度，将图像的颜色改为一种双色调感觉。

勺选"着色"复选框以后，将"色相"值设置为40，图像就会变为红色系的颜色。

将"色相"值设置为180，将"饱和度"设置为50，图像会变成青色系的颜色，色调变得强烈。

将"色相"设置为67，将"明度"提高到26，图像会变为青色系的颜色，亮度加强了。

7. "图像>调整>色彩平衡"菜单命令（Ctrl+B）

"色彩平衡"命令可通过颜色滑块调整颜色均衡。在"色彩平衡"对话框中，利用3个颜色滑块向需要的方向上拖动，就可以调整颜色，默认值为0。

❶色彩平衡：调整颜色均衡。
- 色阶：输入色阶的数值。
- 颜色滑块：拖动滑块，可以添加或取消颜色。

❷色调平衡：调整色调均衡。可以选择"阴影"、"中间调"或"高光"，勾选"保持明度"复选框，可以在保持图像的亮度和对比度的状态下只调整颜色。

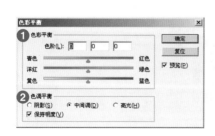

若要将图像色调变为红色，则可向"红色"和"洋红"方向拖动滑块。

若要将图像的色调变为黄色，则可以向"绿色"方向拖动第2个滑块，向"黄色"方向拖动第3个滑块。

8. "图像>调整>黑白" 菜单命令（Ctrl+Alt+Shift+B）

此命令可以在彩色模式图像中去掉饱和度，将图像制作为类似于灰度模式的黑白状态。

彩色模式

执行"黑白"命令后效果

9. "图像>调整>照片滤镜" 菜单命令

"照片滤镜"命令可以在图像上设置颜色滤镜。用户可以选择Photoshop中提供的颜色滤镜，也可以选择用户自定义的滤镜颜色，还可调整浓度。

❶使用：选择颜色滤镜。
● 滤镜：单击下拉按钮▼，可以选择Photoshop中提供的颜色滤镜。
● 颜色：用于自定义设置滤镜的颜色。

选择"颜色"单选按钮，单击颜色框后，会弹出"选择滤镜颜色"对话框，在此选择需要的滤镜颜色，并将颜色应用在图像上。

❷浓度：调整颜色滤镜的应用程度。

　　将＂滤镜＂设置为＂红＂，将＂浓度＂数值提高到100%时，图像上会应用红色滤镜。

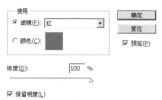

❸保留亮度：勾选此复选框，可以在保持图像亮度的状态下应用颜色滤镜。

10.　＂图像>调整>通道混合器＂菜单命令

　　＂通道混合器＂命令可利用保存颜色信息的通道混合通道颜色，改变图像颜色。

　　＂通道混合器＂对话框中的＂输出通道＂和＂源通道＂与图像的＂通道＂面板中基本通道相关联，依据图像的颜色构成显示不同的通道。＂单色＂选项可将图像的颜色调整为黑白。

原图像

＂通道＂面板

＂通道混合器＂对话框

　　将＂输出通道＂设置为＂红＂之后，在＂源通道＂区域中，将＂红色＂设置为0，然后调整＂绿色＂滑块，将数值降到-200，＂红色＂色系的颜色即会被删除。

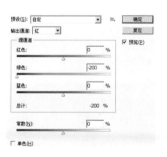

如果将＂常数＂设置为60，图像就会增加红颜色，表现出强烈的颜色对比。

11. "图像>调整>反相" 菜单命令

"反相" 菜单命令可翻转构成图像的像素的亮度。也就是把白色变成黑色，把黑色变成白色，把蓝色变成黄色。如果是正片，应用"反相"命令后，可以制作成被翻转的负片。

原图像

反相后的图像效果

12. "图像>调整>色调分离" 菜单命令

"色调分离" 菜单命令可以调整构成图像的颜色数。如果是彩色图像，则利用256色的阴影来表现图像，用户可以随意调节阴影。"色阶" 数值越大，表现出来的形态与原图越相似，数值越小，颜色数越少，画面就越简单粗糙。

原图

色阶: 2

色阶:20

13. "图像>调整>阈值" 菜单命令

"阈值" 命令可将图像变为黑白状态。在0至255的亮度值中，以中间值128为基准，数值越小，颜色越接近白色，数值越大，颜色越接近黑色。

原图像

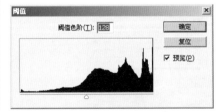

阈值色阶: 128　　　　　　　　　　阈值色阶: 200

14. "图像>调整>渐变映射" 菜单命令

　　"渐变映射" 命令可在选定的图像上应用用户设置的色带形态的渐变颜色。如果想应用渐变颜色，首先必须将图像转为黑白状态。应用 "渐变映射" 命令后，弹出 "渐变映射" 对话框，这里会显示以工具箱中的前景色和背景色为基准的渐变。

原图像

　　勾选 "反向" 复选框，翻转渐变颜色。

　　取消勾选 "反向" 复选框，单击渐变的下拉按钮，选择Photoshop中提供的　　渐变，然后单击 "确定" 按钮，应用渐变至图像上。

 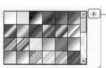 

　　如果想任意改变渐变颜色，则在 "渐变映射" 对话框中单击渐变条，然后在弹出的 "渐变编辑器" 对话框中设置渐变颜色。

15. "图像>调整>可选颜色" 菜单命令

"可选颜色"命令可在构成图像的颜色中选择特定的颜色进行删除，或者与其他颜色混合，改变图像颜色。另外，还可以添加或减少青色、洋红、黄色与黑色的成分，并提供了调整混合墨水的方法，包括"相对"与"绝对"两种。

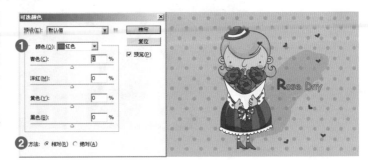

❶ 颜色：设置要改变的图像颜色类别。
❷ 方法：该选项可以设置混合墨水的方法，包含"相对"和"绝对"两个选项。

将"颜色"设为"红色"，将"洋红"值增到+100，图片中红色将加。

将"颜色"设置为"黄色"，将"黄色"值降低到-100，黄色的背景产生了脱色的效果。

16. "图像>调整>阴影/高光" 菜单命令

"阴影/高光"命令主要用于调整因为阴影或者逆光而导致的较暗图像区域。向右拖动"阴影"滑块，图像会变亮，向右拖动"高光"滑块，图像会变暗。

原图像

❶阴影: 调整图像的阴影部分。
向左拖动滑块, 图像变暗,
向右拖动滑块, 图像变亮。

❷高光: 调整图像的高光部分。
向左拖动滑块, 图像变亮,
向右拖动滑块, 图像变暗。

17. "图像>调整>HDR色调" 菜单命令

　　"HDR色调"菜单命令是在Photoshop CS5中新增的功能。HDR的全称是High Dynamic Range, 即高动态范围, 比如高动态范围图像 (HDRI) 或者高动态范围渲染 (HDRR) 。动态范围是指信号最高值和最低值的相对比值。目前的16位整型格式使用从0 (黑) 到1 (白) 的颜色值, 但是不允许所谓的"过范围"值, 比如说金属表面比白色还要白的高光处的颜色值。

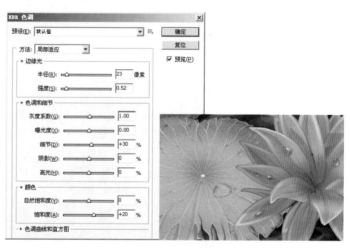

　　在HDR的帮助下, 我们可以使用超出普通范围的颜色值, 因而能渲染出更加真实的3D场景。

　　简单来说, HDR效果主要有如下三个特点。

● 亮的地方可以非常亮。
● 暗的地方可以非常暗。
● 亮暗部的细节都很明显。

　　将"预设"选项设置为"逼真照片"。

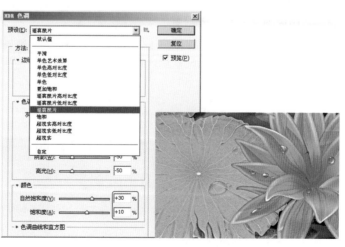

18. "图像>调整>变化"菜单命令

"变化"命令可以利用各种颜色的预览图标，一边与原图像比较，一边改变颜色、亮度、饱和度。应用"变化"命令后，弹出"变化"对话框，单击相应颜色的预览图标，颜色就会增加一个等级。使用"精细/粗糙"滑块，可以调整颜色浓度，向"精细"方向拖动滑块，颜色会变得细腻，向"粗糙"方向拖动滑块，颜色会变得粗糙。

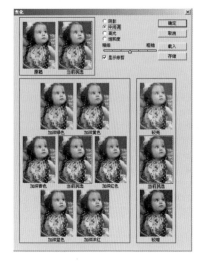

如果要在原图像上添加"中间调"颜色，则在"变化"对话框中单击"原稿"图标，然后单击"加深洋红"图标即可。

向右拖动"精细/粗糙"滑块，颜色的应用浓度会增强；相反，向左拖动滑块，颜色会变得细腻。

选择"阴影"单选按钮，图像的阴影部分改为特定颜色，选择"中间调"单选按钮，对图像的中间色部分进入操作，选择"高光"单选按钮，对图像的高光部分进行操作，选择"饱和度"单选按钮，则图像中饱和度高的部分被改为特定颜色。

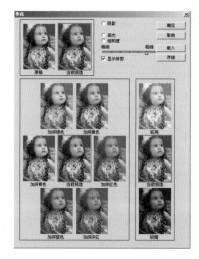
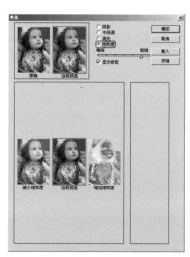

19. "图像>调整>去色"菜单命令（Ctrl+Shift+U）

在彩色模式（RGB、CMYK）图像中，去掉饱和度即可制作出类似于灰度模式的黑白效果。

20. "图像>调整>匹配颜色"菜单命令

有时需要将完全不同的图像表现为同一种色调，这时候，"匹配颜色"命令可以同时将几张图像改为相同色调。

❶目标图像：此区域显示在Photoshop中打开的文件的属性信息。

❷图像选项：用于将不同的图像统一为一种色调，在此可以调整"明亮度"、"颜色强度"以及"渐隐"。

❸图像统计：在"源"下拉列表框中，选择要作为基准的图像文件，选择颜色正常的图像后，可以按照统一的色调调整图像色感。

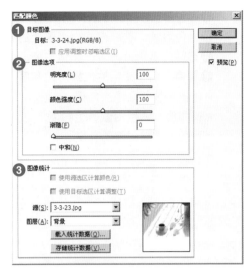

正常表现色感的图像

在相同地点拍摄，但突出表现了黄色

改为统一的色调

21. "图像>调整>替换颜色"菜单命令

执行"替换颜色"命令，使用颜色吸管吸取要改变的图像颜色，然后利用"色相"、"饱和度"和"亮度"滑块调整替换后的颜色。当很难设置选区，或者要把特定的颜色分到几个地方的时候，使用此命令可以方便地调整颜色。

在"替换颜色"对话框的"选区"区域中，以图像颜色为基准，表现为白色和黑色，调整"颜色容差"值，扩展或者缩小要改变的颜色范围。

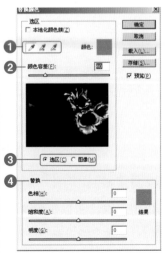

❶ 颜色吸管：用于选择要代替的颜色，用于选择要添加的颜色，用于选择要删除的颜色。

❷ 颜色容差：扩展或缩小要改变的颜色范围。

❸ 选区：选择该项后，在预览窗口中，使用吸管选定的部分显示为白色或原图像。

❹ 替换：调整图像的色相、饱和度、明度。

● 色相：调整图像的色相。

● 饱和度：调整图像的饱和度。

● 明度：调整图像的亮度。

使用吸管在预览窗口中单击花瓣部分，然后将"容差"值设置为40，拖动"色相"滑块，改变图像的颜色。

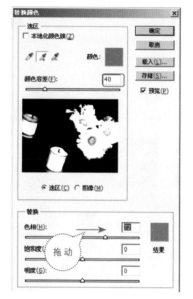

选择"图像"单选按钮后，单击泛白了的叶子，即可改变颜色。

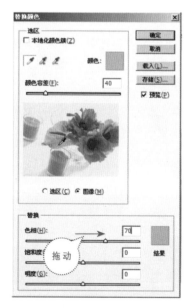

22."图像>调整>色调均化"菜单命令

"色调均化"命令可以在图像过暗或者过亮的时候，平均化图像的整体亮度。在颜色对比比较强的图像中，通过平均化的亮度，可使高光部分略亮。

▶▶ "图像>图像大小"菜单命令

此命令可以调整图像的尺寸和分辨率。一般在需要按照用户的需要调整图像大小，或者改变分辨率的时候使用。选择该命令后弹出"图像大小"对话框。

❶ 像素大小：设置图像的"宽度"和"高度"值，调整整体尺寸。

❷ 文档大小：以被输出的图像尺寸为基准，设置图像的宽度、高度和分辨率。

❸ 约束比例：设置是否维持图像的宽度、高度比例。

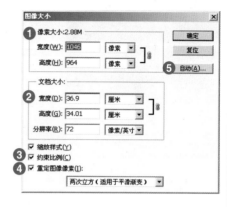

❹ 重定图像像素：设置在更改图像的大小和分辨率的时候，是否维持原图像的整体容量。如果取消勾选，则图像的整体容量不变，自动调整图像的大小和分辨率。

将分辨率从72提高到300后，虽然图像的宽度和高度都缩小了，但是图像的整体容量还是1.42M，没有发生变化。

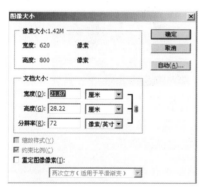 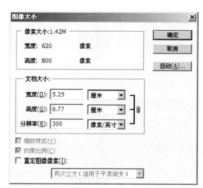

❺ 自动：单击此按钮，弹出"自动分辨率"对话框，设置"挂网"选项，选择合适的"品质"，然后单击"确定"按钮自动调节分辨率。

将"挂网"设置为133，将输出品质设置为"草图"后，图像的分辨率会被设置为72像素/英寸。

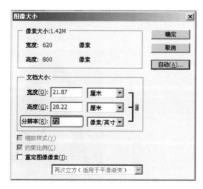 

将"挂网"设置为133，将输出品质设置为"好"后，图像的分辨率会被设置为200像素/英寸。

▶▶ "图像>画布大小"菜单命令

与改变图像尺寸的"图像大小"命令不同，此命令调整的是用来制作图像的区域大小。如果扩大图像的工作区域，扩大的部分会显示为背景色。

❶当前大小:显示当前图像的宽度、高度以及文件容量

❷新建大小:输入新调整图像的宽度、高度。原图像的位置是通过选择"定位"项的基准点进行设置的。例如，单击左上端的锚点以后，原图像就会位于左上端。

定位:

定位:

定位:

定位:

定位：

定位：

如果宽度和高度值比原来的数值小，那么工作区域就会缩小。

▶▶ "图像>图像旋转" 菜单命令

"编辑>自由变换"命令可旋转选定区域的图像，而此命令则可以旋转整个图像。用户可以利用"任意角度"命令直接设置旋转角度，然后旋转图像。

原图像

180°

90°（顺时针）

90°（逆时针）

水平翻转画布

垂直翻转画布

应用"任意角度"命令

"图像>裁剪"菜单命令

"裁剪"命令可以裁剪掉选区内的图像部分。如果设置了"羽化"值，则会将羽化部分一同裁剪掉。

利用矩形选框工具建立选区

执行"图像>裁剪"菜单命令

对选区进行羽化

执行"图像>裁剪"菜单命令

"图像>裁切"菜单命令

"裁切"命令可切掉图像中不需要的部分，执行"裁切"命令后弹出"裁切"对话框。

❶ 基于：设置要裁切部分的基准。
- 透明像素：在没有背景图层的状态下，裁切有透明像素的空白空间。
- 左上角像素颜色：以左上端的颜色为基准。
- 右下角像素颜色：以右下端的颜色为基准。

❷ 裁切：设置裁切的区域。

勾选"裁切"对话框"顶"、"左"、"底"与"右"复选框，单击"确定"按钮，会以上端的白色为基准自动删除不需要的区域。

▶▶ "图像>显示全部"菜单命令

将图像粘贴到图像窗口中后，有时图像较大，超出了画布范围，此时需要放大画布，才能显示出所有图像，应用"显示全部"命令即可自动放大画布，显示完整图像。

粘贴比窗口大的图像时，部分图像未能显示

应用"显示全部"命令，显示完整图像

▶▶ "图像>复制"菜单命令

此命令可创建当前打开的图像的副本，建立新的图像窗口，并在副本中保留图像的图层与通道信息。

❶设置要复制的文件名。
❷合并成一个图层并进行复制。

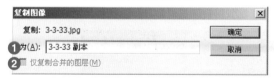

▶▶ "图像>计算"菜单命令

利用构成图像的通道计算调整颜色。在合成不同的图像文件时，图像的大小必须一致，这样才能调整图像的颜色。

范 例 操 作 ▶▶ 制作黑白照片

　　在制作一些唯美的艺术照中，黑白照片能够更好地表现图片的感光度和写实感。在Photoshop中，可以轻松地把彩色照片变为黑白照片。在下面的范例中，我们将把一张彩色照片制作为具有艺术感觉的黑白照片。

🔘 原始文件　Ch03\Media\3-3-34.jpg
🔘 最终文件　Ch03\Complete\3-3-34.jpg

1. 执行"灰度"菜单命令

🔄 **步骤01** 执行 "文件>打开"菜单命令（Ctrl+O），打开素材文件"Ch03\03\Media\3-3-34.jpg"。

🔄 **步骤02** 执行"图像>模式>灰度"菜单命令，将图像转换为灰度模式。

2. 删除颜色信息

🔄 **步骤01** 弹出"信息"对话框，然后单击"扔掉"按钮，删除掉颜色信息。

🔄 **步骤02** RGB彩色图像变成了灰度模式的黑白照片。

更进一步 可以保护原图像的调整图层

在改变图像的颜色或者图像模式以后，常常会出现原图像被覆盖的情况。这时可以使用调整图层，它既可以调整图像，又不会影响到原图像。

↻ 步骤01 执行"文件>打开"菜单命令（Ctrl+O），打开素材文件"3-3-36.jpg"。在"图层"面板中，单击"创建新的填充或调整图层"按钮，在下拉列表中，选择"色相/饱和度"命令。

↻ 步骤02 在"色相/饱和度"的调整面板中，将"色相"值设置为38，可以看到图像的色调发生了变化。

↻ 步骤03 查看"图层"面板，可以看到已经生成了调整图层。

↻ 步骤04 单击调整图层的眼睛图标将其隐藏后，画面就会正常显示出原来的图像。或者在"图层"面板中，将调整图层拖动到"删除"按钮上，同样会恢复原图像状态。

范 例 操 作 ▶▶ 通过曲线调整照片的颜色

本小节中我们将使用曲线工具调整照片的色彩。使用Lab模式，可以表现出其他色彩模式下无法表现的图像色彩。在下面范例中，将在Lab模式下利用曲线调整照片的色彩，使照片的色彩更加亮丽。

🔘 原始文件　Ch03\Media\3-3-38.jpg

🔘 最终文件　Ch03\Complete\3-3-38.psd

1. 转换至Lab颜色模式

♻ 步骤01 执行"文件>打开"菜单命令（Ctrl+O），打开素材文件"3-3-38.jpg"。

♻ 步骤02 执行"图像>模式>Lab颜色"菜单命令，将图像色彩转换为Lab颜色模式。

2. 改变曲线形状

♻ 步骤01 执行"图像>调整>曲线"命令（Ctrl+M），弹出"曲线"对话框，调整曲线的形状。

♻ 步骤02 设置"通道"为a，分别将曲线的两个端点向相反的方向调整两格，使曲线变得更陡。此时图像的整体颜色已经发生了改变。

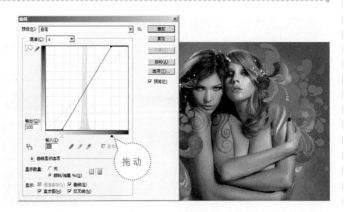

⟳ 步骤03 设置"通道"为b，分别将曲线的两个端点向相反的方向调整两格，使曲线变得更陡。此时图像的整体色彩变得更加亮丽。

3. 调整画面对比度

⟳ 步骤01 设置"通道"为明度，将曲线的右端点向左调整一格，提高图像对比度。此时图像的整体色彩变得鲜艳。

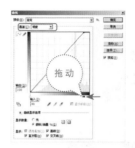

⟳ 步骤02 执行"图像>模式>RGB颜色"，将图像模式转换为RGB颜色模式。

> ⚠ **提 示**
>
> 有些滤镜在"Lab颜色"模式下无法使用。

4. 应用"半调图案"菜单命令

⟳ 步骤01 为了表现"拼缀图"效果，首先在"图层"面板中将背景图层拖动到"创建新图层"按钮 🔲 上。这样图层就被复制了，生成背景副本图层。

⟳ 步骤02 选择背景副本图层，并执行"滤镜>素描>半调图案"菜单命令。弹出"半调图案"对话框，选择"拼缀图"纹理，将"方形大小"设置为1，"凸现"设置为2，单击"确定"按钮。

5. 调整不透明度

⟳ 步骤01 在"图层"面板中将背景副本图层的不透明度设置为40%，混合模式设置为"柔光"。

⟳ 步骤02 将原图像和应用了滤镜的图像合成，制作出类似于网点显示的打印图像。

相关知识　颜色混合

　　颜色混合分为加法色、减法色和中间混合三类。加色法的颜色混合又称为光学混合，越是混合颜色，亮度越高。例如把红色（R）、绿色（G）、蓝色（B）混合在一起，就会变成白色。

　　而减法混合则是像颜料或者墨水那样，越是混合颜色，颜色的亮度和饱和度越低，例如，把绿（C）、红（M）、黄（Y）混合在一起，就会变为黑色。

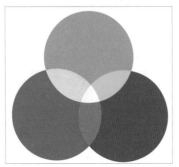
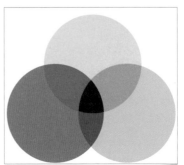

加法色　　　　　　　　　　　　　　减法色

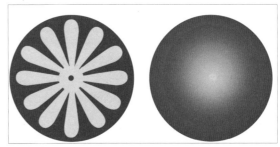

中间混合（并列混合）　　　　　　　中间混合（旋转混合）

范 例 操 作 ▶▶ 使用"色阶"命令制作更加鲜明的图像

　　使用"色阶"命令，可以利用曲线的变形，将图像的色调改为各种颜色。用鼠标拖动曲线进行变形后，可以直接调整色调并应用到图像上，从而通过"色阶"命令，获得丰富的图像效果。在下面范例中，我们将利用"色阶"命令把一个美女的照片制作得更加鲜艳美丽。

　◉ 原始文件　Ch03\Media\3-3-39.jpg

　◉ 最终文件　Ch03\Complete\
　　　　　　　3-3-39.psd

1. 执行"色阶"命令

步骤01 执行"文件>打开"菜单命令（Ctrl+O），打开素材文件"3-3-39.jpg"。

步骤02 下面我们要把图像变成需要的颜色，执行"图像>调整>色阶"菜单命令（Ctrl+L）。

2. 调整高光滑块

步骤01 弹出"色阶"对话框，向左拖动高光滑块，高光区域会变得更亮，表现出强烈的颜色对比。

步骤02 用户也可以不使用滑块进行调整，直接输入色阶值0、1.00、235。

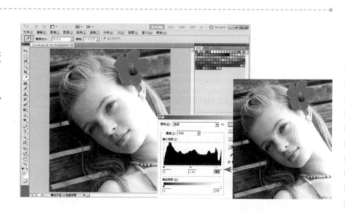

3. 设置中间调滑块

步骤01 向右拖动调整图像中间调滑块，将其设置为0.80。

步骤02 图像中间调区域变得稍暗，整体图像的对比度增强了。

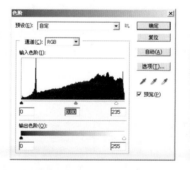

4. 调整阴影滑块

步骤01 向右拖动调整图像阴影滑块，设置为20。

步骤02 图像的阴影区域变暗，整个图像的对比度进一步增强。完成本实例的制作。

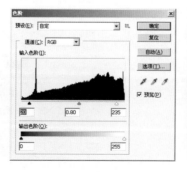

相关知识 直方图

直方图的功能是利用滑块轻松、直观地调整高光、中间色、阴影。在扫描完图像后，调整图像颜色的时候，会经常使用柱状图，最好能调整成不向任何一侧倾斜的状态，整体上表现出丰富、均衡的颜色。

调节了阴影和高光的直方图

整体均衡的直方图

范 例 操 作 ▶▶ 制作相同氛围的照片

不同的时间拍摄的照片可能具有完全不同的氛围感，对于这种色彩不同的照片，我们可以更改为相同的氛围感觉。使用Photoshop CS5中的"匹配颜色"命令，即可制作出相同氛围的照片。

◉ 原始文件　Ch03\Media\3-3-40\41.jpg
◉ 最终文件　Ch03\Complete\3-3-40.jpg

1. 执行"色阶"命令

↻ 步骤01 执行"文件>打开"菜单命令（Ctrl+O），打开素材文件"3-3-40.jpg"以及"3-3-41.jpg"。

↻ 步骤02 下面要将图像变成需要的颜色，执行"图像>调整>色阶"菜单命令（Ctrl+L）。

2. 执行"匹配颜色"菜单命令

切换至"3-3-40.jpg"窗口，执行"图像>调整>匹配颜色"命令。

3. 设置"匹配颜色"选项

🔄 **步骤01** 弹出"匹配颜色"对话框，对话框中显示将两个图像色调统一的相关选项。

🔄 **步骤02** 单击"源"下拉按钮，然后选择将作为色调调整基准的"3-3-41.jpg"文件，在预览窗口中显示出此文件。

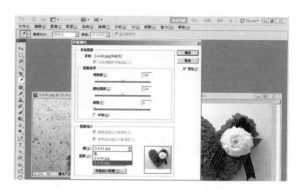

4. 设置"图像选项"

🔄 **步骤01** 如果想继续修改已经调整好的色调，则可以调整"图像选项"区域中的参数。

🔄 **步骤02** 设置"明亮度"为140，"颜色强度"为162，"渐隐"为87，然后单击"确定"按钮。

5. 确认效果

此时，"3-3-40.jpg"图像已经变为了与作为色调调整基准的"3-3-41.jpg"文件相同的色调。

相关知识 显示图像属性的"信息"面板

"信息"面板的主要功能是显示图像属性。把鼠标指针放到图像上，或者拖动鼠标，面板将显示出图像的颜色属性或者坐标值、长度等。

- RGB：显示鼠标指针所在位置的像素的RGB颜色值。
- CMYK：显示鼠标指针所在位置的像素的CMYK颜色属性。
- X、Y：显示鼠标指针所在位置的X、Y值。
- W、H：显示选区的宽度和高度等信息。

范 例 操 作 ▶▶ 使用"自动色调"功能调整照片的颜色

在调整图像颜色的时候，经常要使用"色阶"命令，另外，如果通过柱状图很难调整颜色，显示器无法正常显示颜色，则使用"自动色调"命令可以非常方便地调整颜色。

◉ 原始文件 Ch03\03\Media\3-3-42.jpg
◉ 最终文件 Ch03\03\Complete\
  3-3-42.psd

1.查看"色阶"直方图

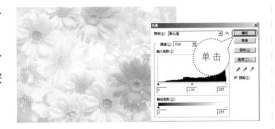

⟲步骤01 执 行 "文 件 > 打 开" 菜 单 命 令（Ctrl+O），打开素材文件"3-3-42.jpg"。

⟲步骤02 执行"图像>调整>色阶"菜单命令（Ctrl+L），可以查看直方图。单击"确定"按钮，关闭"色阶"对话框。

2.执行"自动色调"菜单命令

⟲步骤01 下面将调整图像色调，执行"图像>自动色调"菜单命令（Ctrl+Shift+L）。

⟲步骤02 原来整体较暗的图像颜色经过自动色调调整后，变得更加清晰、鲜明。

⟲步骤03 再次执行"图像>调整>色阶"菜单命令（Ctrl+L），可以看到，从高光开始，中间色、阴影全部均衡分布的柱状体。

范 例 操 作 ▸▸ "调整"直方图的颜色通道

在"色阶"对话框中，用户可以按照颜色通道调整图像的颜色，下面的实例将为大家介绍颜色通道的相关知识。

⊙ 原始文件　Ch03\03\Media\3-3-43.jpg

⊙ 最终文件　Ch03\03\Complete\3-3-43(1、2).jpg

⟳ 步骤01 执 行 ″文 件 > 打 开″菜单命令（Ctrl+O），打开素材文件″3-3-43.jpg″。然后执行″图像 > 调整 > 色阶″菜单命令（Ctrl+L）。

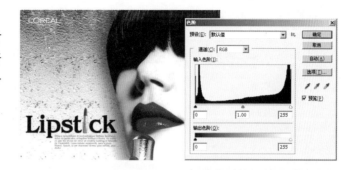

⟳ 步骤02 将"通道"选项设置为"红"，高光区域就会被降低，如果选择"绿"通道，高光区域则会被提高。

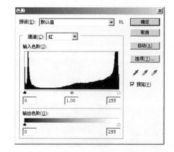
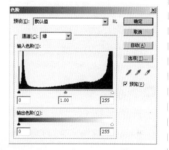

⟳ 步骤03 将"通道"选项设置为"蓝"以后，如果向右拖动中间色滑块，画面上的蓝色就会减少，而黄色则会增加。

⟳ 步骤04 将"通道"选项设置为"绿"以后，如果向右拖动中间色滑块，画面上的绿色就会减少，而红色和蓝色则会增加。

范 例 操 作 ▶▶ 制作唯美的线条插画效果

　　本实例主要运用"亮度/对比度"、"去色"、"反相"、"最小值"等命令来制作线条插画效果。具体步骤如下。

🔘 **原始文件** Ch03\03\Media\3-3-45.jpg

🔘 **最终文件** Ch03\03\Complete\
　　　　　　3-3-45.jpg

1. 打开图像并复制图层

🔄 **步骤01** 执行"文件＞打开"菜单命令（Ctrl+O），打开素材文件"3-3-45.jpg"。

🔄 **步骤02** 在"图层"面板中选择"背景"图层，将其拖拽到底部的"创建新图层"按钮 🔲 上，得到副本图层。

2. 执行"亮度/对比度"菜单命令

🔄 **步骤01** 选择背景副本图层，执行"图像＞调整＞亮度/对比度"菜单命令，设置"对比度"值为80。

🔄 **步骤02** 单击"确定"按钮，查看图像效果。

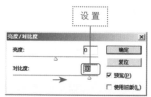

3. 执行"去色"菜单命令

🔄 **步骤01** 执行"图像＞调整＞去色"菜单命令，去除颜色。

🔄 **步骤02** 复制背景副本图层，得到"背景副本2"图层。

4. 执行"反相"菜单命令

⟳ **步骤01** 执行"图像>调整>反相"菜单命令。

⟳ **步骤02** 查看图像效果。

5. 调整图层混合模式

⟳ **步骤01** 设置"背景副本2"图层的混合模式为"颜色减淡"。

⟳ **步骤02** 执行"滤镜>其他>最小值"菜单命令。

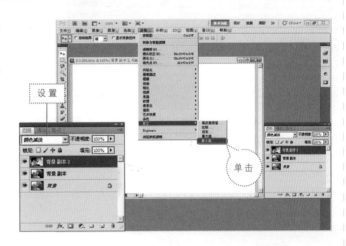

6. 调整滤镜参数

⟳ **步骤01** 在弹出的"最小值"对话框中,设置"半径"为2像素。

⟳ **步骤02** 单击"确定"按钮,完成本实例的制作。

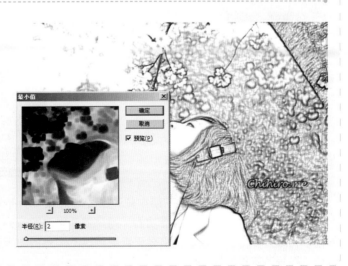

"图层"菜单

图层是Photoshop中的一个核心功能，使用图层可以对图像中的元素进行单独操作，而不影响其余的图像元素，图层操作是Photoshop用户必须掌握的基本功。本节我们来学习图层的基本原理以及各种图层操作方法。

▶▶ 理解图层的概念

使用图层可以操作图像的某一元素，可以从画面中隐藏或删除不需要的图像，在图像合成中非常有用。

打开素材文件"3-4-1.psd"，在"图层"面板中可以看到图像由6个图层组成。

由人物、场景、文字构成的浪漫情人节卡通画

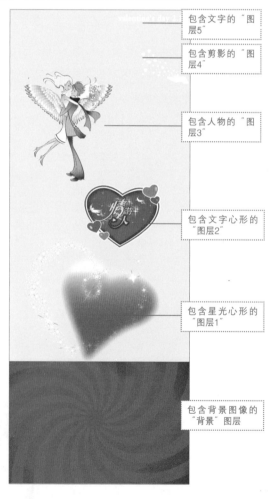

包含文字的"图层5"

包含剪影的"图层4"

包含人物的"图层3"

包含文字心形的"图层2"

包含星光心形的"图层1"

包含背景图像的"背景"图层

"图层"面板

如果不应用图层功能，在创作复杂图片时，有一小部分绘制错误的话，就必须重新绘制，大大降低了创作的效率。应用图层功能，则只需要修改图像的一小部分即可。如果我们事先分别单独创建了构成整体的图像元素，那么只需要更改不满意的图层图像即可，这样就大大减少了不必要的麻烦，缩短了工作时间。

单击"图层2"图层的眼睛图标，将该图层隐藏，画面中将只显示其他图层的图像。

单击"图层3"图层的眼睛图标，将该图层隐藏，画面中即隐藏了人物图像。

▶▶ "图层"菜单中的命令

在"图层"菜单中，除了新建、复制、删除图层等基本操作命令以外，还包含可以产生不同效果的调整图层。

1. "图层>新建"菜单命令

"新建"菜单中包含6个子命令，下面介绍各命令含义。

❶ 图层：创建新的图层。

❷ 背景图层：将背景图层转换为普通图层。

❸ 组：创建新的图层组。

❹ 从图层建立组：在"图层"面板中，将当前选中的图层创建为图层组。

❺ 通过拷贝的图层（Ctrl+J）：将设置为选区的图像制作成新图层。

❻ 通过剪切的图层（Ctrl+ Shift+J）：将设置为选区的图像从图层中删除并放在新图层中。

❶ 图层(L)...	Shift+Ctrl+N
❷ 图层背景(B)	
组(G)... ❸	
❹ 从图层建立组(A)...	
❺ 通过拷贝的图层(C)	Ctrl+J
通过剪切的图层(T) ❻	Shift+Ctrl+J

单击"创建新图层"按钮 可得到"图层6"，单击除"图层6"以外的其余图层的眼睛图标，则将只显示"图层6"中的图像。

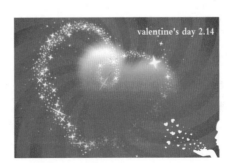 

2. "图层>复制图层" 菜单命令

此命令可复制 "图层" 面板中所选图层。

3. "图层>删除" 菜单命令

此命令可删除所选图层或隐藏的图层。

❶ 图层：删除选择的图层。选择该命令后，
会弹出询问是否删除的对话框。

❷ 隐藏图层：删除隐藏的图层。

❶ 图层 (L)
❷ 隐藏图层 (H)

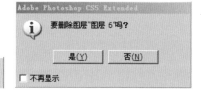

4. "图层>图层属性" 菜单命令

此命令可设置所选图层的名称与颜色。

5. "图层>图层样式" 菜单命令

此命令可以为选择的图层应用各种效果，
比如阴影、发光、浮雕、叠加等。

6. "图层>新建填充图层" 菜单命令

此命令可新建填充了纯色、渐变或图案的
新图层。

7. "图层>新建调整图层" 菜单命令

此命令用于创建调整图层，在不损害原有
图像的基础上，改变图像的颜色。

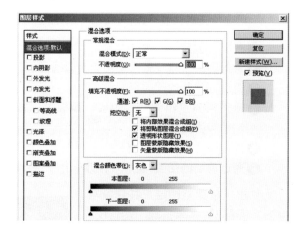

8. "图层>图层内容选项" 菜单命令

应用 "新建填充图层" 和 "新建调整图层"
命令后，此命令可改变图层应用的内容或效果。

9. "图层>图层蒙版" 菜单命令

此命令可在选定图层上创建蒙版。

10. "图层>矢量蒙版" 菜单命令

此命令可在选定的图层上创建矢量蒙版。

**11. "图层>创建剪贴蒙版" 菜单命令
（Ctrl+Alt+G）**

此命令用于创建剪贴蒙版。

12. "图层>智能对象" 菜单命令

我们可以将智能对象想象成神奇的空间，可以把另一个Photoshop或者Illustrator文件中的图像数据，嵌入这个空间内。并且嵌入的数据将保留其所有的原始属性，还可以对其进行编辑。在Photoshop中，可以通过转换图层来创建智能对象。

13. "图层>文字" 菜单命令

执行"图层>文字"菜单命令，可以更改或者修改使用文字工具输入的文字。

❶ 创建工作路径：将输入的文字转换为路径。
❷ 转换为形状：将输入的文字转换为形状。
❸ 水平/垂直：将横向/纵向输入的文字转换为纵向/横向排列。
❹ 消除锯齿的方式：
- 消除锯齿方式为无：在文字上取消消除锯齿的效果，表现出粗糙的感觉。
- 消除锯齿方式为锐利：在文字上应用消除锯齿的效果，表现为锐利的感觉。
- 消除锯齿方式为犀利：在文字上应用消除锯齿的效果，表现出犀利的感觉。
- 消除锯齿方式为浑厚：在文字上应用消除锯齿的效果，表现出浑厚的感觉。
- 消除锯齿方式为平滑：在文字上应用消除锯齿的效果，表现出平滑的感觉。

❺ 转换为段落文本：将字符转换为段落文本形式。
❻ 文字变形：对文字进行变形，扭曲为各种形态。
❼ 更新所有文字图层：在Photoshop旧版中输入的文字图层配合CS5版本进行升级。
❽ 替换所有欠缺字体：如果图像中使用了用户系统中没有的文字字体，那么将替换为基本字体。

14. "图层>栅格化" 菜单命令

此命令用于将文字图层或者形状转换为普通的图层。

执行"图层>栅格化>文字"菜单命令以后，文字图层变成了普通图层，文字属性消失。

15. "图层>新建基于图层的切片" 命令

此命令以选定的图层为基准自动分割。

16. "图层>图层编组" 菜单命令

此命令可对图层进行编组。

17. "图层>取消图层编组" 菜单命令

此命令用于对取消图层的编组。

18. "图层>隐藏图层" 菜单命令

此命令用于隐藏选择的图层。

19. "图层>排列" 菜单命令

利用此命令，可以将选定图层置为顶层、向前移动一层、向右移动一层或者置为底层。

20. "图层>将图层与选区对齐" 菜单命令

执行此命令，可以将选定的图层与选区对齐。

21. "图层>分布" 菜单命令

此命令可调整图层之间的间隔。

22. "图层>锁定图层" 菜单命令

可以锁定图层，避免移动、删除该图层，或者保护图层图像不被改动。

23. "图层>链接图层" 菜单命令

选择 "链接图层" 命令后，可以将两个或者多个图层链接在一起，从而在移动其中的一个图层时，其他被链接在一起的图层中的图像也会随之一起移动。

24. "图层>选择链接图层" 菜单命令

执行 "选择链接图层" 菜单命令，可以选择已经存在链接的图层，使其处于选中状态。

25. "图层>向下合并" 菜单命令（Ctrl+E）

此命令可从选定图层开始向下合并图层。

26. "图层>合并可见图层" 菜单命令（Ctrl+Shift+E）

此命令用于将 "图层" 面板中未关闭眼睛图标的图层合并起来。

27. "图层>拼合图像" 菜单命令

此命令可将 "图层" 面板上的所有图层合并为一个图层，即合并为背景图层。

28. "图层>修边" 菜单命令

应用此命令，在粘贴图像时清除背景色。

！ 提 示

"拼合图像" 命令可以将含有多个图层的图像合并为一个图层，并自动命名新图层为 "背景"。

▶▶ "图层" 面板

"图层" 面板是由图层、图层混合模式、填充、不透明度、图层操作按钮以及锁定操作按钮组成的。

❶混合模式：在图层图像上设置特殊的混合效果。
❷不透明度：设置图层图像的透明度。

❸锁定按钮：如果不想对所选图层中特定区域进行操作，则可以单击对应按钮进行锁定。

● 锁定透明像素 ▢：不对图层的透明区域进行操作，只影响图像区域。

● 锁定图像像素 ✎：选择图层后，单击此按钮，会显示出锁形图标 🔒，在锁定像素的状态下，无法编辑图像。

● 锁定位置 ✦：单击该按钮后，将不能移动相应图层的图像。

● 锁定全部 🔒：将相应图层设为锁定状态，不能再对其进行修改或者编辑。

❹眼睛图标 👁：在画面上显示或者隐藏图层图像。

❺使用文字工具输入文字以后生成的图层。

❻图层的名称。

❼使用形状工具绘制形状后生成的形状图层。

❽图层操作按钮：

ⓐ链接图层 ⛓：显示图层与其他图层的链接情况。

ⓑ添加图层样式 fx.：在选定的图层上添加图层样式。

ⓒ添加蒙版 ◻：在选定的图层上添加图层蒙版。

ⓓ创建新的填充或调整图层 ◑.：创建新的填充或调整图层。

ⓔ创建新组 ▢：生成新的图层组。

ⓕ创建新图层 ◩：单击此按钮，可以得到新的图层。

ⓖ删除图层 🗑：将选定的图层删除。

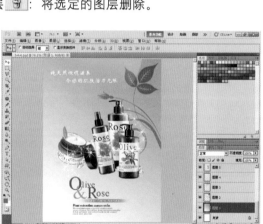

素材文件 "3-4-4.psd"

扩展菜单

在"图层"面板中，单击扩展按钮，在扩展菜单中选择"面板选项"命令，弹出"图层面板选项"对话框，在"缩览图大小"区域中选择"无"，则"图层"面板中的预览图将会消失。

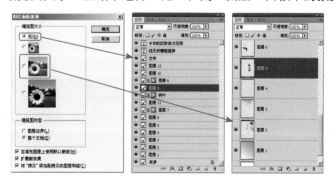

范 例 操 作 ▶▶ 选择图层/创建新图层

在"图层"面板中，单击需要的图层，便可以将该图层选中，选中的图层变成了蓝色。

如果需要新建图层，则可以采用如下两种方法：一是执行"图层>新建>图层"菜单命令；二是在"图层"面板中单击"创建新图层"按钮 。

◉ 原始文件　Ch03\Media\3-4-1.psd

○ 步骤01 在"图层"面板中，单击需要选择的图层，图层即显示为蓝色。

○ 步骤02 将鼠标指针移到图像上，右击即显示出图层的名称，单击名称以后，"图层"面板中对应的图层即被选中。

○ 步骤03 创建新图层的时候，可以在"图层"面板中，单击"创建新图层"按钮 ，这样就会在所选图层上面，生成新图层。

○ 步骤04 再次单击"创建新图层"按钮 ，在"图层7"上方新建"图层8"，在"图层"面板中，单击扩展按钮，然后选择"新建图层"命令（Ctrl+Shift+N），在弹出的"新建图层"对话框中，输入名称，单击"确定"按钮。

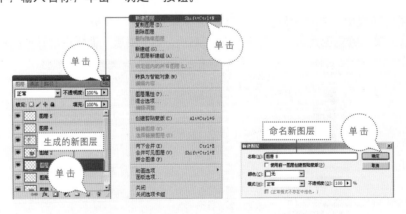

范 例 操 作 ▶▶ 显示/隐藏/移动图层图像

在图像合成过程中，经常需要显示或隐藏部分图像，利用图层的显示与隐藏功能，可以方便地进行此操作。

步骤01 单击眼睛图标 👁，即可在打开和关闭状态之间切换，画面中会显示或隐藏该图层图像。关闭"图层1"的眼睛图标 👁 后，底纹即被隐藏。

步骤02 使用同样的方法，单击"图层5"眼睛图标，画面中的一个化妆品瓶被隐藏起来了。

步骤03 再次分别单击"图层1"和"图层5"眼睛图标，在画面中显示图层图像。

步骤04 在"图层"面板中将"图层5"拖动到"图层1"的下方。

步骤05 背景纹理此时位于化妆品图像的上方，化妆品图像就被遮盖住了，此时为不可见。

相关知识　管理多个图层

在制作复杂图像时，一般需要很多图层才能完成，Photoshop提供了管理图层的功能，比如向下合并（Ctrl+E）、合并可见图层（Ctrl+Shift+E）和拼合图像等命令。

1. 向下合并

"向下合并"命令，可以将选定的图层和下一级图层进行合并。在"图层"面板中，选中"图层2"，然后单击扩展按钮，在弹出的扩展菜单中选择"向下合并"命令（Ctrl+E），这样就可以把选定的图层和下一级的"图层1"图层合并成一个图层。此时，合并后的图层显示下一级图层的名称，此处显示"图层1"。

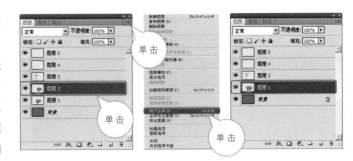

2. 合并可见图层

该功能可在"图层"面板中合并眼睛图标处于打开状态的图层。在只有"图层3"的眼睛图标为关闭状态时，单击扩展按钮，选择"合并可见图层"命令，可以将其他图层合并在一起，而"图层3"则保持原有的状态不变。

3. 拼合图像

该功能可将"图层"面板中所有图层合并在一起，如果有眼睛图标处于关闭状态的图层，则会弹出提示框，询问是否放弃拼合这个图层。

🔄 **步骤01** 在只有"图层3"的眼睛图标处于关闭状态时，单击扩展按钮，选择"拼合图像"命令，弹出对话框，询问是否扔掉这个图层，单击"确定"按钮。

🔄 **步骤02** 此时，"图层"面板中的其他图层被合并成了一个新图层，图层名称为"背景"。

"选择" 菜单

打开Photoshop后，最常见的操作便是选择对象。"选择"菜单中包括可以将图像的特定范围设置为选区的命令，以及可以调整、储存、载入选区范围的命令。在操作过程中，如果能熟练应用快捷键，可以大大减少操作时间。

▶▶ 选择图像的命令

"选择"菜单中提供了选择图像的命令，以及扩展、缩小、变形或者保存选区的命令。特别是在基本选区中，利用羽化命令，可以将选区的边线调整得更柔和或更清晰；利用变换选区命令，可以调整选区的大小并进行旋转、移动，这在图像编辑中非常有用。

1. 选择 > 全部（Ctrl+A）

此命令可将整个图像设置为选区。

2. 选择 > 取消选择（Ctrl+D）

此命令可以取消现有的选区。

3. 选择 > 重新选择 （Ctrl+Shift+D）

此命令可以将取消的选区重新设为选区，执行"取消选择"命令后即激活该命令。

5. 选择 > 所有图层（Alt+Ctrl+A）

此命令可选中所有图层。

4. 选择 > 反向（Ctrl+Shift+I）

此命令可翻转选区。

使用魔棒工具创建选区　　反转选区

6. 选择 > 取消选择图层

如果在"图层"面板中选择了一个或多个图层，使用此命令可以取消选择图层。

7. 选择 > 相似图层

此命令可选择相似的图层。例如在"图层"面板中选择一个填充图层，执行"相似图层"命令可以选中所有填充图层。

8. 选择 > 色彩范围

用于将图像的特定颜色设为选区。在预览窗口中单击要设置为选区的部分后，调整颜色容差值。

原图　　　　　　颜色容差：50　　　　　颜色容差：150

9. 选择＞调整边缘

此命令可对选区边缘进行细微调整。

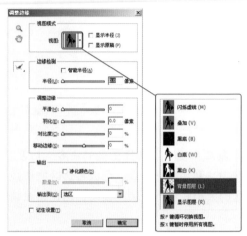

创建选区　　　　　　　　　　　对选区进行修饰

10. 选择＞修改

此命令可改变选区的轮廓形态。"修改"子菜单中有5个命令，可以在各自对话框中设置选区的像素数。

- 选择＞修改＞边界：此命令可为选区制作边框。
- 选择＞修改＞平滑：此命令可将选区的轮廓设置得更加柔和。
- 选择＞修改＞扩展：此命令可以扩展选区范围。
- 选择＞修改＞收缩：此命令可以缩小选区范围。

原图　　　　　　　边界　　　　　　　平滑　　　　　　　扩展　　　　　　　收缩

- 选择＞修改＞羽化（Shift+F6）：此命令可以将选区的轮廓制作得更加柔和。羽化半径值越大，羽化的范围越宽。它的功能与选择工具属性栏中的"羽化"选项相同。

↻ 步骤01 使用魔棒工具将蜜蜂设为选区，执行"选择＞修改＞羽化"菜单命令（Shift+F6），在弹出的"羽化选区"对话框中，将"羽化半径"设置为5。

↻ 步骤02 选区的边界变得柔和了。执行"图像＞调整＞色相/饱和度"菜单命令（Ctrl+U），改变颜色，可以看到颜色区域也变得非常柔和。

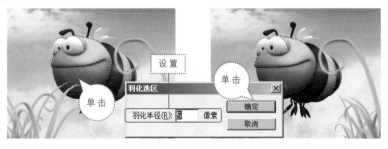

11. 选择>扩大选取

此命令可扩大选区颜色范围。每次执行此命令时，选区都会被加宽。

原图

扩大选取1级

扩大选取2级

12. 选择>选取相似

在图像中将与选定颜色相似的颜色区域设为选区。将要选择的部分颜色设置为选区后，执行此命令，相同的颜色也会被设为选区。

原图

选取相似

13. 选择>变换选区

此命令可以调整选区的大小或形态，与能够随意放大、缩小、旋转图像的自由变换命令不同，此命令与源图像无关，只是对选区的虚线进行变换处理。

将人物部分设置为选区后，执行"变换选区"命令

拖动边框锚点，调整选区的大小并进行旋转

在选区上填充颜色，制作投影效果

14. 选择>在快速蒙版模式下编辑

此命令可将任何选区作为蒙版进行编辑，而无需使用"通道"面板，在查看图像时也可如此。在快速蒙版模式中工作时，"通道"面板中出现一个临时快速蒙版通道，但是所有的蒙版编辑是在图像窗口中完成的，此命令主要用于建立选区。

15. 选择>载入选区

此命令可打开通过"存储选区"命令保存的通道，直接载入选区。

"载入选区"对话框

16. 选择>存储选区

此命令可将选区保存为通道。

"存储选区"对话框

▶▶ "色彩范围"对话框

执行"色彩范围"命令后，弹出"色彩范围"对话框，下面介绍对话框中参数。

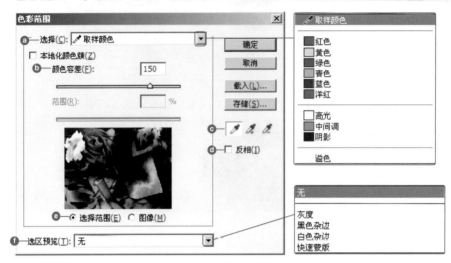

ⓐ 选择：选择需要的颜色。单击下拉按
钮，会显示出基准颜色，通常选择"取
样颜色"选项。

原图

ⓑ 颜色容差：设置所选颜色的范围准确度大，值越大，范围越大，准确性越低。

颜色容差值: 80

颜色容差: 150

ⓒ 吸管工具 ，添加到取样工具 、从取样中减去工具 ：设置选区后，可以添加或删除需
要的颜色范围。

ⓓ 反相：将选区和蒙版区域互换。

ⓔ 选择范围：该选项可以用白色和黑色表现预览画面，"图像"选项则通过原图像颜色表现
预览画面。

ⓕ 选区预览：设置显示选区和蒙版区域的方式。

范 例 操 作 ▶▶ 使用多种图像选择工具制作漫画图像

在设置选区时，我们可以通过颜色范围对选区进行简单的扩大或缩小处理。另外，也可以将选区制作为需要的形态或大小，并进行旋转。在本例中，我们将学会把人物图像设置为选区并制作成漫画图像的方法。

1. 执行"色彩范围"命令

◎ **步骤01** 执行"文件>打开"菜单命令（Ctrl+O），打开素材文件"3-5-9.jpg"。

◎ **步骤02** 下面要将人物图像设置为选区，选择"选择>色彩范围"菜单命令。

2. 设置选区

◎ **步骤01** 弹出"色彩范围"对话框以后，单击预览窗口中的人物图像。

◎ **步骤02** 将"颜色容差"设置为80，然后单击"确定"按钮。

3. 扩展选区

◎ **步骤01** 可以看到，一部分人物图像被设置为了选区。

◎ **步骤02** 下面要扩大选区，执行"选择>选取相似"菜单命令，可以看到，人物的选区已扩大了。

4. 使用多边形套索工具完成选区设置

🔄 **步骤01** 反复执行"选择>选取相似"菜单命令，扩展人物的选区。

🔄 **步骤02** 基本设置好选区后，单击属性栏中"添加到选区"按钮🔲，然后选择工具箱中多边形套索工具🔽，选择剩余需要添加到选区的部分，将添加到选区中。

5. 应用木刻滤镜

　　将人物设置为选区后，为了表现绘画的感觉，需要执行"滤镜>艺术效果>木刻"菜单命令，弹出"滤镜"对话框后，单击"确定"按钮。可以看到，构成图像的颜色被简化了，整个图像表现出漫画般的感觉。

6. 调整选区内图像颜色

🔄 **步骤01** 下面要把设置为选区的人物颜色调亮一些，选择"图像>调整>色阶"菜单命令（Ctrl+L）。

🔄 **步骤02** 弹出"色阶"对话框，在"输入色阶"中分别将"阴影"、"中间色"、"高光区域"设为10、0.8、230，然后单击"确定"按钮。

🔄 **步骤03** 选择"选择>取消选区"菜单命令（Ctrl+D），取消选区。

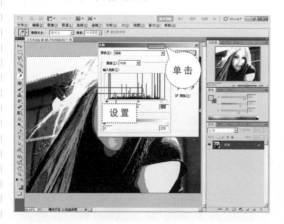

7. 创建对白框形态选区

🔄 **步骤01** 在工具栏中单击椭圆选框工具⭕，然后在属性栏中单击"添加到选区"按钮🔲。

🔄 **步骤02** 下面制作对白框形态的选区，参考右图，制作出大小不同的几个椭圆选区。

8. 调整选区的大小

执行"选择 > 变换选区"菜单命令,选区上出现边框,拖动锚点至合适大小,按下Enter键。

9. 在选区上填充颜色

步骤01 调整好选区的大小以后,执行"编辑>填充"菜单命令(Shift+F5),然后在"填充"对话框中将"使用"设为白色,单击"确定"按钮,即可将选区填充为白色。

步骤02 选择"选择>取消选择"菜单命令将选区去掉。

设置

单击

10. 在对白框中输入文字

步骤01 在工具箱中选择横排文字工具,并在"字符"面板中设置字体、字号、颜色,然后在对白框上输入文字,通过拖动鼠标将其设置为文字块。

步骤02 本例中,我们在此输入"我爱我家!"。

设置

11. 设置文字效果

下来给文字设置各种各样的效果。执行"图层>图层样式"菜单命令,给文字添加样式,比如描边、斜面与浮雕等,设置完成后,单击"确定"按钮。

单击

设置

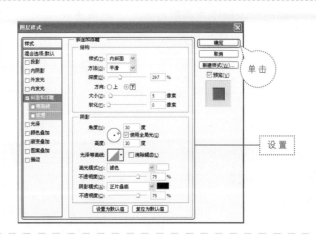

"滤镜"菜单

滤镜是经过专门设计，用于产生特殊图像效果的工具，就像是许多特制的眼镜，戴上它们后所看到的图像都具有各种特定的效果。本节为大家详解经典的滤镜效果制作方法。

▶▶ 滤镜效果

当我们为图片制作独特的效果时，经常会用到滤镜功能，以下就是"滤镜"菜单中的一些独特效果功能。

木刻	Ctrl+F
转换为智能滤镜	
滤镜库(G)...	
镜头校正(R)...	Shift+Ctrl+R
液化(L)...	Shift+Ctrl+X
消失点(V)...	Alt+Ctrl+V
风格化	▶
画笔描边	▶
模糊	▶
扭曲	▶
锐化	▶
视频	▶
素描	▶
纹理	▶
像素化	▶
渲染	▶
艺术效果	▶
杂色	▶
其它	▶
Digimarc	▶
浏览联机滤镜...	

高效地应用多个滤镜

Photoshop提供的滤镜

改变构成图像的像素排列

在图像中保存着著作权信息

1. 风格化

在图像上应用质感，在样式上产生变化。

2. 画笔描边

制作使用画笔表现出的绘画效果。

3. 模糊

将像素的表现为模糊状态，可以在图像上表现速度感或晃动的效果。

4. 扭曲

移动构成图像的像素，进行变形、扩展或缩小，可以将原图像变形为各种形态。

5. 锐化

将模糊的图像制作为清晰的效果，提高主像素的颜色对比值，使画面更加明亮细腻。

6. 视频

"视频"子菜单中包含"逐行"滤镜和"NTSC 颜色"滤镜。

7. 素描

将图像制作成类似于使用钢笔或者木炭素描草图的效果。

8. 纹理

为图像赋予材质的质感。

9. 像素画

变形图像的像素，重新构成，可以在图像中显示网点或者表现出铜版画的效果。

10. 渲染

在图像上制作云彩形态，或者设置照明、镜头光晕效果，制作出各种特殊效果。

11. 艺术效果

这种滤镜可以设置出绘画艺术效果。

12. 杂色

在图像上产生杂点效果。

范 例 操 作 ▶▶ 使用 "液化" 滤镜改变人物面部表情

在拍照时，有时无法获得满意的效果，可以在冲洗之前，利用Photoshop完善照片的效果。使用"液化"滤镜，可以对人物的各种面部表情进行变形。本范例中，我们将使用"液化"滤镜改变照片中人物的面部表情和眼睛。

1. 应用 "液化" 滤镜

🔄 **步骤01** 执行 "文件>打开" 菜单命令（Ctrl+O），打开素材文件 "3-6-1.jpg"。

🔄 **步骤02** 执行 "滤镜>液化" 菜单命令（Shift+Ctrl+X）。弹出 "液化" 对话框，使用缩放工具将人物的脸部放大。

2. 设置蒙版

首先要将不需要变形的部分设置为蒙版。

3. 改变嘴的形态

🔄 **步骤01** 选择向前变形工具 ，将画笔大小设置为30。

🔄 **步骤02** 提高嘴角部分，制作成灿烂微笑的表情。

4. 放大眼睛部分

🔄 **步骤01** 取消勾选"视图选项"区域中"显示蒙版"复选框，在画面中隐藏设置为蒙版的部分。

🔄 **步骤02** 选择膨胀工具◈，单击人物的眼球部分，将眼睛略微放大。

🔄 **步骤03** 改变人物的表情后，单击"确定"按钮。

☰ 相关知识 "液化"对话框

　　"液化"滤镜可以利用变形工具来扩大、缩小、扭曲图像，"液化"对话框中提供了从变形形态到扭曲程度的各种设置选项。

🅐 向前变形工具：通过推动像素变形图像。

🅑 重建工具：通过拖动变形部分，将图像恢复为原始状态。

🅒 旋转扭曲工具：按照顺时针或逆时针方向旋转图像。

🅓 褶皱工具：像凹透镜一样缩小图像，进行变形。

🅔 膨胀工具：像凸透镜一样缩小图像，进行变形。

🅕 左推工具：移动图像的像素，扭曲图像。

🅖 镜像工具：镜像图像内容。

🅗 湍流工具：将图像扭曲为类似于风火气流流动的形态。

🅘 冻结蒙版工具：设置蒙版，使图像不会被变形。

🅙 解冻蒙版工具：取消设置好的蒙版区域。

🅚 抓手工具：通过拖动鼠标移动图像。

- ❶ 缩放工具：放大或缩小预览窗口中的图像。
- ⓜ 工具选项：设置图像扭曲时采用的画笔大小和压力程度。
- ⓝ 重建选项：用于恢复被扭曲的图像。
- ⓞ 蒙版选项：用于编辑、修改蒙版区域。
- ⓟ 视图选项：在画面中显示或隐藏蒙版区域或网格。

更进一步　Photoshop CS5的滤镜对话框

　　Photoshop CS5提供了如下滤镜对话框。这里通过缩览图形式来表现各种滤镜效果，直接单击选择滤镜，设置滤镜选项，就可以在预览窗口中查看滤镜效果。利用此对话框，如果想在图像上应用多种滤镜效果，则不必反复在"滤镜"菜单中选择滤镜，可以直接在对话框中应用多个滤镜，并可直接查看结果。

- ⓐ 预览窗口：可以预先查看滤镜效果。
- ⓑ 缩放按钮：可以放大或缩小图像。
- ⓒ 滤镜缩览图：通过缩览图形显示各种滤镜。
- ⓓ 眼睛图标：可以显示或隐藏滤镜的应用效果。
- ⓔ "新建效果图层"按钮：添加效果图层，从而在图像上应用多个滤镜。
- ⓕ "删除效果图层"按钮：删除效果图层，该图层上的滤镜将全部删除。
- ⓖ 收缩按钮：合并显示预览窗口和滤镜列表窗口。

▶▶ "风格化" 滤镜系列

此类滤镜可在图像上应用质感或亮度，产生不同的图像样式。

1. 查找边缘

找出图像的边线，并用深色表现出来，其他部分则填充为白色。当图像边线部分的颜色变化较大时，使用粗轮廓线，而变化较小时，则可使用细轮廓线。

2. 等高线

拉长图像的边线部分。找到颜色的边线，用阴影颜色进行表现，其他部分则用白色表现。

❶ 色阶：设置边线的颜色等级。
❷ 边缘：选择边线的显示方法。

3. 风

在图像上制作风吹过的效果。

❶ 方法：调整风的强度，可以从"风"、"大风"、"飓风"中进行选择。
❷ 方向：设置风吹的方向。

4. 浮雕效果

在图像上应用明暗，表现出浮雕效果。图像的边线部分显示出颜色，表现出立体感。

❶ 角度：设置光的角度。
❷ 高度：设置图像中表现的层次高度值。
❸ 数量：设置滤镜效果的应用程度。范围为1至50。

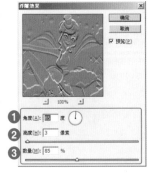

5. 扩散

扩散图像的像素，制作具有绘画感觉的图像。

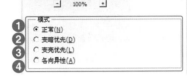

❶正常：在整个图像上应用效果。

❷变暗优先：以阴影部分为中心，在图像上应用滤镜效果。

❸变亮优先：以高光部分为中心，在图像上应用滤镜效果。

❹各向异性：柔和地表现效果。

6. 拼贴

把图像处理为马赛克瓷砖形态。

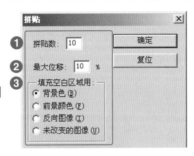
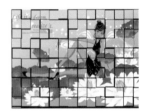

❶拼贴数：设置瓷砖的个数。

❷最大位移：设置瓷砖之间的间距。

❸填充空白区域用：设置瓷砖之间空白的颜色处理方法。

7. 曝光过度

把底片曝光，然后翻转图像的高光部分，得到曝光过度的效果。

8. 凸出

通过矩形或金字塔形态凸出表现图像的像素。

❶类型：选择被凸出的形态。

❷大小：设置被凸出像素的大小。

❸深度：设置被凸出的程度。

❹立方体正面：用图像颜色填充块的颜色。

❺蒙版不完整块：不对边缘应用效果。

9. 照亮边缘

在图像的轮廓部分设置好像霓虹灯一样的发光效果。

❶边缘宽度: 设置边缘粗细。

❷边缘亮度: 值越大，表现边线部分的颜色就越亮。

❸平滑度: 值越大，表现出来的滤镜效果就越柔和。

▶▶ "画笔描边"滤镜系列

这类滤镜可利用画笔表现绘画效果。需要注意的是，在RGB和灰度模式下可以应用这些滤镜，而在CMYK模式中则不能应用。

1. 成角的线条

利用一定方向的笔画表现油画效果。可以制作出好像利用油画笔，在对角线方向上绘制的感觉。

❶方向平衡: 值较大则从右上向左下应用笔画，值较小则反之。

❷描边长度: 设置描边的长短。

❸锐化程度: 调整笔画形态的锋利程度。

2. 墨水轮廓

这种滤镜可以在图像的轮廓上制作出好像钢笔勾画的效果。

❶描边长度: 调整笔画长度。

❷深色强度: 值越大，阴影区域越大，笔画越深。

❸光照强度: 值越大，高光区域越大。

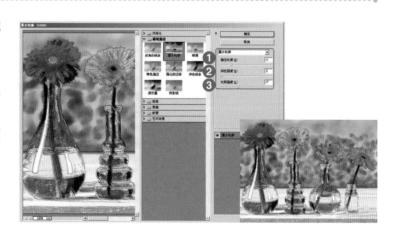

3. 喷溅

制作出好像用喷枪在图像边线上喷水的效果。

❶ 喷色半径：值越小，应用喷溅效果的范围就越小。

❷ 平滑度：值越大，图像越柔和。如果值过大，图像的形态就会变得模糊，所以在调节的时候要注意尺度。

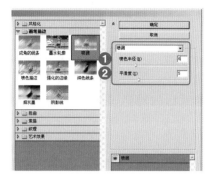

4. 喷色描边

制作好像利用喷枪在一个方向上喷撒颜料的效果。

❶ 描边长度：调整笔画的长度。

❷ 喷色半径：调整笔画的大小。

❸ 描边方向：调整喷撒颜料的方向。

5. 强化的边缘

强化图像边线，可以在图像的边线上绘制形成对比的颜色。

❶ 边缘宽度：值越大，边线越粗，值越小，边线越细。

❷ 边缘亮度：值越大边线越亮。

❸ 平滑度：值越大，画面就会越柔和。

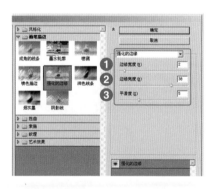

6. 深色线条

利用图像的阴影表现沉重线条效果。在图像的阴影部分应用短线条，在明亮部分则应用长线条。

❶ 平衡：值较小则在整个图像上应用滤镜，值较大则在阴影部分应用滤镜效果。

❷ 黑色强度：设置阴影强度。

❸ 白色强度：设置高光强度。

7. 烟灰墨

表现类似于木炭画那样，墨水被宣纸吸收后涸开的效果。

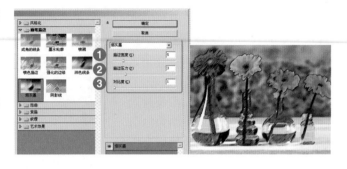

❶ 描边宽度：设置笔画的宽度。

❷ 描边压力：设置笔画压力。

❸ 对比度：调整图像颜色的对比强度。

8. 阴影线

制作出类似于铅笔草图交叉线条的效果。

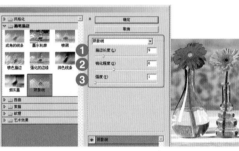

❶ 描边长度：调整笔画长度。

❷ 锐化程度：调整笔画锋利程度。

❸ 强度：设置效果的强度。

▶▶ "模糊"滤镜系列

该类滤镜可以对图像进行柔和处理，可以将像素设置为模糊状态，表现出速度感或晃动的感觉。使用选择工具选择特定图像以外的区域，应用模糊效果，可以强调要突出的部分。

1. 表面模糊

在保留边缘的同时模糊图像。此滤镜用于创建模糊效果并消除杂色或颗粒。

2. 动感模糊

在特定方向上设置模糊效果，一般用于表现速度感。

❶ 角度：设置模糊的方向。

❷ 距离：设置图像的残像长度，值越大，图像的残像长度越大，速度感的效果就会增强。

3. 方框模糊

　　基于相邻像素的平均颜色值来模糊图像。调整"半径"值，可控制模糊效果的强度。

　　半径: 值越大，模糊效果越强烈。

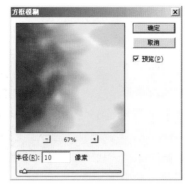

4. 高斯模糊

　　此滤镜可更细致控制模糊效果。

　　半径：值越大，模糊效果越强烈，半径值范围为0.1-250。

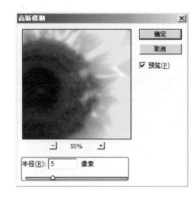

5. 进一步模糊

　　应用多次模糊，表现更强烈的效果。和其他模糊滤镜一样，表现出来的效果也是类似于焦距没有调准的模糊感觉。

6. 径向模糊

　　表现以基准点为中心图像设置模糊效果。

　　❶数量：设置模糊的强度。

　　❷模糊方法：设置效果的应用方法。

　　❸品质：设置结果的品质。

　　❹中心模糊：设置基准点。

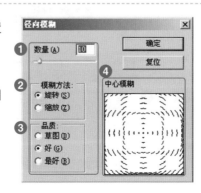

7. 镜头模糊

表现类似于使用照相机模糊镜头的效果，另外还可以在图像上添加模糊杂点。

① 深度映射：利用滑块可以调整模糊的程度。

② 光圈：表现类似于调整虹膜的模糊效果。

③ 镜面高光：调整光的反射量。

④ 杂色：在图像上添加杂点效果。

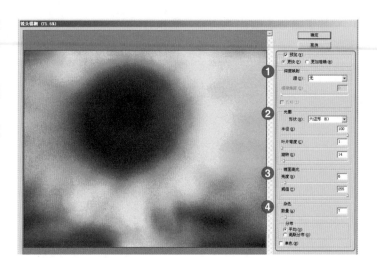

8. 模糊

表现出焦距好像没有调准的模糊效果，将构成图像像素的边线颜色平均化。

9. 平均

找出图像或选区的平均颜色，然后用该颜色填充图像或选区，以创建平滑的外观。

10. 特殊模糊

在图像中对比度较低的区域设置模糊效果。

① 半径：值越大，应用模糊的像素就越多。

② 阀值：设置应用在相似颜色上的模糊范围。

③ 品质：设置结果的品质。

④ 模式：设置效果的应用方法。

11. 形状模糊

使用指定的形状来创建模糊效果。从自定形状预设列表框中选取一种形状，并使用"半径"滑块来调整其大小。

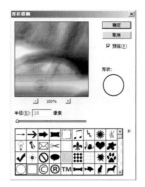

▶▶ "扭曲"滤镜系列

该类滤镜通过移动、扩展或缩小构成图像的像素，将原图像扭曲为各种形态。

1. 波浪

在图像上应用波浪效果。

❶生成器数：设置波浪的数量。

❷波长：设置波浪的长度。

❸波幅：设置波浪的幅度。

❹比例：通过拖动滑块调整波浪的大小。

❺类型：选择"正弦"、"三角形"或"方形"，设置波浪的形态。

2. 波纹

为图像制作波纹形态。

❶数量：值越大，图像的波纹密度和扭曲强度就越大。最大值为999。

❷大小：设置波纹的大小。

3. 玻璃

表现通过玻璃观看图像的效果。

❶扭曲度：值越大，扭曲的效果越强烈。

❷平滑度：调整滤镜效果的柔和程度。

❸纹理：根据玻璃的形态，提供了4种类型。

❹缩放：值越大纹理即越大。

❺反相：翻转应用选定的纹理。

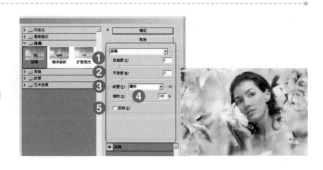

4. 海洋波纹

表现出图像被海浪折射的效果。

❶波纹大小：值越大，海浪效果就越显著。

❷波纹幅度：值越大，海浪的强度越大。

5. 极坐标

以坐标轴为基准扭曲图像。

❶平面坐标到极坐标：以图像的中心为基准集中图像进行扭曲。

❷极坐标到平面坐标：展开外部区域，扭曲图像。

6. 挤压

以图像的中心为基准，按凸透镜或凹透镜形式扭曲图像。

数量：若值为负，则显示凸出效果，若值为正，则显示凹陷效果。值的范围为-100至100。

7. 扩散亮光

将图像渲染成透过一个柔和的扩散滤镜来观看的效果。

❶粒度：值越小，点就越细致，可以更柔和地反光。

❷发光量：值越大，光越亮。

❸清除数量：值越小，表现滤镜效果的范围越大。

8. 切变

沿一条曲线扭曲图像。

❶ 折回：利用由于图像变形而被裁切的部分填充空间。

❷ 重复边缘像素：以增加图像像素的方式填充区域。

9. 球面化

将选区折成球形、扭曲图像以及伸展图像以使图像具有三维效果。

10. 水波

将图像中的像素径向扭曲成水波状。"起伏"选项用于设置水波从选区的中心到其边缘的反转次数。

11. 旋转扭曲

旋转选区图像，中心的旋转程度比边缘的旋转程度大。

角度：指定角度，生成旋转扭曲图案。范围为-999至999。

12. 置换

利用选定的PSD图像文件，来调整该图像的扭曲。

❶ 水平比例：设置PSD文件的长度。

❷ 垂直比例：设置PSD文件的高度。

❸ 置换图：选择将作为贴图使用的图像的表现方式。

❹ 未定义区域：选择没有被设置的区域的表现形式。

▶▶ "锐化"滤镜系列

通过增加相邻像素的对比度来聚焦模糊的图像。

1. USM锐化

调整图像对比度，使画面更加清晰。

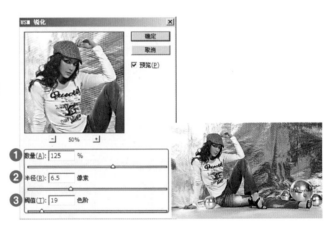

❶ 数量：调整锐化的程度。

❷ 半径：设置像素的平均范围。

❸ 阀值：设置应用在平均颜色上的范围。

2. 进一步锐化

聚焦选区并提高其清晰度。"进一步锐化"滤镜比"锐化"滤镜应用更强的锐化效果。

3. 锐化

提高图像的颜色对比，使画面更加鲜明。在模糊的图像上应用该滤镜的时候，也可以表现出鲜明、清晰的画面效果。

4. 锐化边缘

查找图像中颜色发生显著变化的区域，然后将其锐化。"锐化边缘"滤镜只锐化图像的边缘，同时保留总体的平滑度。

5. 智能锐化

通过设置锐化算法或控制阴影和高光中的锐化量来锐化图像。如果用户不知应用哪种锐化滤镜比较合适，那么此滤镜是值得考虑的锐化方法。

▶▶ "视频"滤镜系列

此类滤镜用于制作一些视频效果，或者使图像符合电视制作要求。

1. NTSC颜色

将色域限制在电视机重现可接受的范围内，以防止出现过饱和颜色。

2. 逐行

通过去掉视频图像中的奇数或偶数行，使运动图像显得更平滑。

❶ 奇数场：删除奇数扫描行。

❷ 偶数场：删除偶数扫描行。

❸ 复制：复制被删除像素周围的像素进行填充。

❹ 插值：利用被删除像素周围的像素，通过补强的方法进行填充。

▶▶ "素描"滤镜系列

这类滤镜适用于创建美术或手绘效果。许多"素描"滤镜在重绘图像时使用前景色和背景色。可以通过"滤镜库"来应用所有"素描"滤镜。

1. 半调图案

制作成中间色网点打印的效果。

❶大小：值越大，图案越多。

❷对比值：值越大，颜色的对比度越强，图案图像显得更加清晰。

❸图案类型：可在3种类型中选择，得到绘画效果的图像。

2. 便条纸

创建用手工制作的纸张图像效果。

❶图像平滑：值越大，图像的阴影区域越多。

❷粒度：值越大，应用在图像上的仿木纹效果越多。

❸凸现：值越小，表现出来的仿木纹效果越柔和。

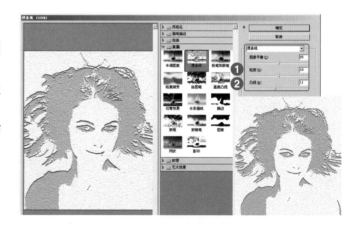

3. 粉笔和炭笔

重绘高光和中间调，并使用粗糙粉笔绘制纯中间调的灰色背景。阴影区域用黑色对角炭笔线条替换。炭笔采用前景色绘制，粉笔采用背景色绘制。

❶炭笔区：设置木炭的表现范围。

❷粉笔区：设置粉笔的表现范围。

❸描边压力：设置线条的浓度。

4. 铬黄渐变

在图像上表现出金属合金的感觉。高光部分向外凸，而阴影部分则向内凹。

❶ 细节: 设置合金质感的表现程度。
❷ 平滑度: 设置质感的柔和程度。

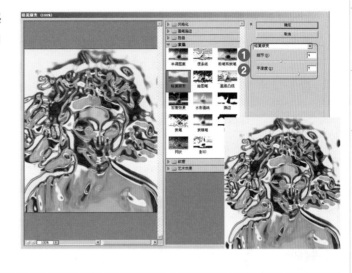

5. 绘图笔

使用细的、线状的油墨描边以捕捉原图像中的细节。对于扫描图像，效果尤其明显。

❶ 描边长度: 值越大，笔画越长。
❷ 明/暗平衡: 值越大，阴影区域越大。
❸ 描边方向: 设置笔的方向。

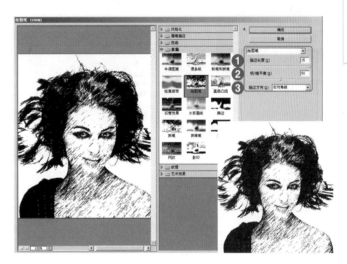

6. 基底凸现

变换图像，使之呈现浮雕的雕刻状，并突出光照下变化各异的表面。图像的暗区呈现前景色，而浅色采用背景色。

❶ 细节: 设置滤镜的表现范围。
❷ 平滑度: 设置质感的柔和程度。
❸ 光照: 选择光的方向。

7. 石膏效果

制作立体石膏效果，使用前景色和主背景色为图像上色。较暗区域上升，较亮区域则会下沉。

❶ 图像平衡：调节前景色和背景色之间平衡。

❷ 平滑度：控制图像的平滑程度。

❸ 光照：控制光照位置。

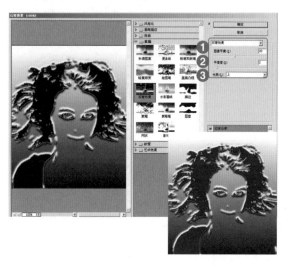

8. 水彩画纸

制作有污点的、像画在潮湿的纤维纸上的涂抹效果。

❶ 纤维长度：值越大，洇开的效果越明显。

❷ 亮度：值越大，图像整体颜色越亮。

❸ 对比度：值越大，颜色的对比程度越强，图案图像越显得清晰。

9. 撕边

重建图像，使之由粗糙、撕破的纸片状组成，然后使用前景色与背景色为图像着色。

❶ 图像平衡：值越大，阴影区域越多。

❷ 平滑度：值越大，表现出的效果越柔和。

❸ 对比度：值越大，颜色对比程度越强。

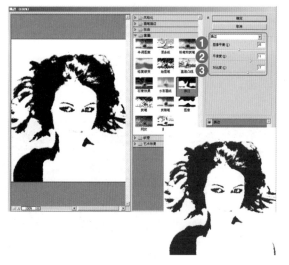

10. 炭笔

产生色调分离的涂抹效果。主要边缘以粗线条绘制，而中间色调用对角描边进行素描。

❶ 炭笔粗细：设置木炭的粗细。

❷ 细节：设置滤镜的细节表现程度。

❸ 明/暗平衡：调整黑白的颜色均衡。

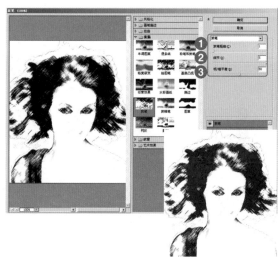

11. 炭精笔

在图像上模拟浓黑和纯白的炭精笔纹理。

❶ 前景色阶：设置前景色的颜色范围。
❷ 背景色阶：设置背景色的颜色范围。
❸ 纹理：设置材质的种类。

12. 图章

简化图像，使之看起来就像是用橡皮或木制图章创建的一样。

❶ 明/暗对比：值越大，阴影区域越多。
❷ 平滑度：值越大，滤镜效果越柔和。

13. 网状

在图像中模拟胶片乳胶的可控收缩和扭曲效果，使图像在阴影处呈结块状，在高光处呈轻微颗粒化。

❶ 浓度：值越大，生成的网点越紧凑。
❷ 前景色阶：值越大，前景色的颜色范围越大。
❸ 背景色阶：值越大，背景色的颜色范围越大。

14. 影印

模拟影印图像的效果。大的暗区趋向于只拷贝边缘四周，而中间色调要么为纯黑色，要么为纯白色。

❶ 细节：值越大，表现出来的图像越细腻。
❷ 暗度：值越大，阴影区域越多。

▶▶ "纹理"滤镜系列

该类滤镜可以在图像上应用质感，除了基本质感以外，用户也可以直接将保存的图像作为纹理应用滤镜效果。

1. 龟裂缝

表现出好像笔画质感那样带有龟裂的材质效果。

❶裂缝深度：设置龟裂的深度。

❷裂缝亮度：设置龟裂的亮度，表现画面效果。

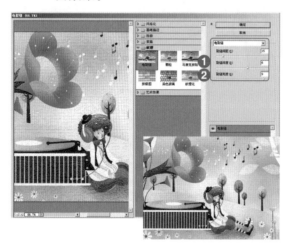

2. 颗粒

在图像上设置多种杂点。

❶强度：值越大，颗粒越密集。

❷对比度：设置杂点的颜色对比。

❸颗粒类型：提供了形态各异的10种杂点，可根据需要进行选择。

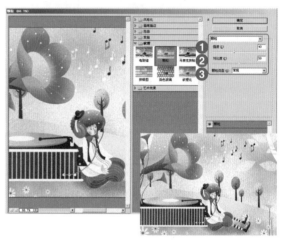

3.马赛克拼贴

在图像上表现马赛克形态的瓷砖效果。

❶拼贴大小：值越大，瓷砖面积越大。

❷缝隙宽度：设置瓷砖之间的宽度。

❸加亮缝隙：调整缝隙的亮度。

4. 拼缀图

在矩形的瓷砖上表现图像。

❶方形大小：调整矩形的网格大小。

❷凸现：值越大，表现出的图像越具有立体感。

5. 染色玻璃

表现镶嵌彩色玻璃效果。

❶ 单元格大小：调整网格的大小。

❷ 边框粗细：设置边线的粗细。

❸ 光照强度：设置光的强度。

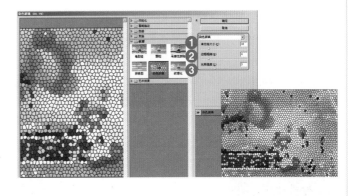

6. 纹理化

将选择或创建的纹理应用于图像。

❶ 纹理：设置纹理的种类。

❷ 缩放：值越大，纹理就越大。

❸ 凸现：值越大，扭曲程度越强。

❹ 光照：设置光的方向。

❺ 反相：翻转纹理表现图像。

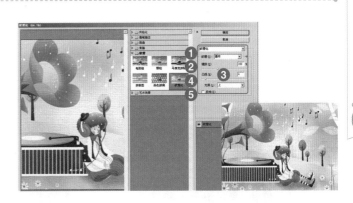

▶▶ "像素化" 滤镜系列

变形图像的像素并重新构成，一般用于在图像上显示网点或者表现铜版画效果。

1. 彩块化

将类似颜色的像素捆绑起来，将图像的颜色单纯化，表现绘画效果。设置像素的平均值，可以制作出更具有绘画效果的图像，一般用于取消锯齿，制作画面柔和的图像。

2. 彩色半调

模拟在图像的每个通道上使用放大的半调网屏的效果。

❶ 最大半径：调整像素（网点）的大小。

❷ 网角：设置各个通道的网点角度。

3. 点状化

将图像中的颜色分解为随机分布的网点，如同点状化绘画一样，并使用背景色填充网点之间的画布区域。

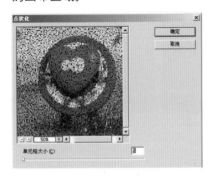

4. 晶格化

使像素结块形成多边形纯色。用户可以设置多边形的大小。

5. 马赛克

使像素结为方形块。用户可以调整马赛克的大小。

6. 碎片

制作出好像拍照时相机晃动后的图像效果。重复应用该滤镜，可以表现出更强烈的效果。

7. 铜版雕刻

将图像转换为黑白区域的随机图案或彩色图像中完全饱和颜色的随机图案。设置"类型"选项，可选择通过点或线来构成图像。

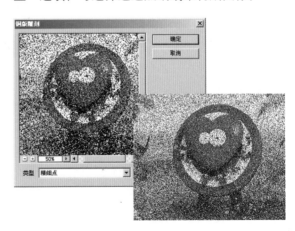

▶▶ "渲染"滤镜系列

该滤镜可在图像中创建3D形状、云彩图案、折射图案和模拟的光反射效果。也可在3D空间中操纵对象，创建3D对象（立方体、球面和圆柱），并从灰度文件创建纹理填充，以产生类似3D的光照效果。

1. 分层云彩

在翻转图像的颜色后制作云彩形态的图像。可以表现出独特的底片形态的云彩效果。

2. 光照效果

在图像上设置光源的位置和照明，表现照明效果。

❶ 样式：可以选择使用17种滤镜的样式。

❷ 光照类型：提供"点光"、"平行光"、"全光源"照明类型。

❸ 属性：设置照明的属性。

❹ 纹理通道：在各个颜色上，利用通道制作出立体效果。

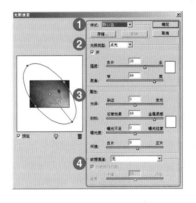

3. 镜头光晕

在图像上表现光晕效果。

❶ 预览窗口：设置光的位置。

❷ 亮度：调整光的亮度。

❸ 镜头类型：提供了4种不同的镜头。

4. 纤维

利用前景色和背景色在图像上表现纤维材质。

❶ 差异：值越大，表现的纤维材质越多。

❷ 强度：值越大，材质效果越强烈。

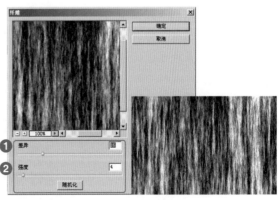

5. 云彩

利用前景色和背景色制作出云彩形态的图像。将图像的背景部分设置为选区以后，设置工具箱中的前景色和背景色，应用此滤镜可以通过不规则的图案来表现云彩效果。

▶▶ "艺术效果"滤镜系列

可以使用"艺术效果"系列的滤镜，为美术或商业项目制作艺术效果。该滤镜用于表现具有艺术特色的绘画效果。

1. 壁画

使用短而圆、粗略涂抹的小块颜料，以一种粗糙的风格绘制图像。

❶ 画笔大小：值越大，画笔越大。

❷ 画笔细节：设置画笔的细致程度。

❸ 纹理：在图像上设置纹理，制作墨水在灰墙上洇开的效果。

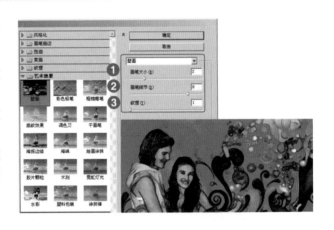

2. 彩色铅笔

使用彩色铅笔在纯色背景上绘制图像。保留边缘，外观呈粗糙阴影线，纯色背景色透过比较平滑的区域显示出来。

❶ 铅笔宽度：设置铅笔的粗细。

❷ 描边压力：设置线条的强度。

❸ 纸张亮度：设置纸张的亮度，调整色调。

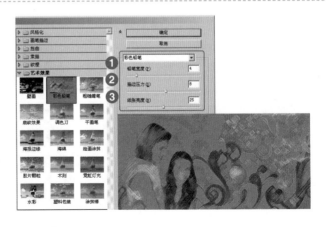

3. 粗糙蜡笔

制作出好像用彩色蜡笔在图像上绘制的效果。设置纹理可以制作出更逼真的图像。

❶ 描边长度：值越大，笔画越长。

❷ 描边细节：值越小，绘画效果越精细。

❸ 纹理：此选项提供了4种材质。

❹ 缩放：设置纹理大小。

❺ 凸现：调整滤镜的应用程度。

❻ 光照：设置光的方向。

❼ 反相：反转应用选定的纹理。

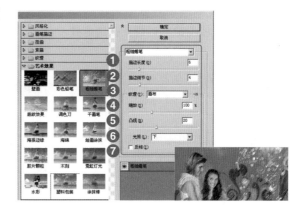

4. 底纹效果

在图像上设置质感，制作出绘画的效果。

❶ 画笔大小：设置画笔的大小，值越大，画笔就越大。

❷ 纹理覆盖：值越大，应用滤镜效果的区域越大。

❸ 纹理：此选项提供了4种滤镜材质。

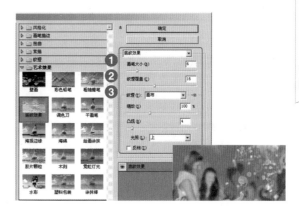

5. 调色刀

减少图像中的细节以生成描绘得很淡的画布效果，可以显示出画布的纹理。

❶ 描边大小：值越小，图像的轮廓显示得越清晰。

❷ 描边细节：值越大，图像越细致。

❸ 软化度：值越大，图像边线越模糊。

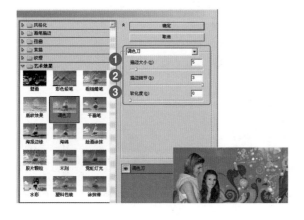

6. 干画笔

制作使用干画笔绘制图像边缘的效果。

❶ 画笔大小：值越大，画笔就越大，可以表现粗糙的图像效果。

❷ 画笔细节：设置画笔的细致程度。

❸ 纹理：在图像上设置纹理。

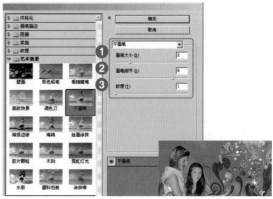

7. 海报边缘

根据设置的选项减少图像中的颜色数量，并查找图像的边缘，在边缘处绘制黑色线条。

❶边缘厚度: 值越大，轮廓越粗。

❷边缘强度: 值越小，轮廓的颜色越深。

❸海报化: 值越大，图像上应用的轮廓线的颜色浓度越深。

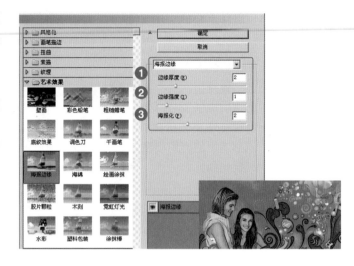

8. 海绵

模拟用海绵轻拂画面的效果，用于表现图像上的斑纹效果。

❶画笔大小: 值越大，画笔越大。

❷清晰度: 值越大，颜色对比越强烈，图像越清晰，表现的效果也更加强烈。

❸平滑度: 设置图像效果柔和度。

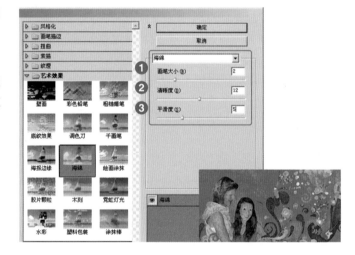

9. 绘画涂抹

制作画笔涂抹绘制的图像效果。

❶画笔大小: 值越大，画笔就越大，描绘的图像越粗糙。

❷锐化程度: 设置画笔锐利程度。

❸画笔类型: 选择画笔的类型。

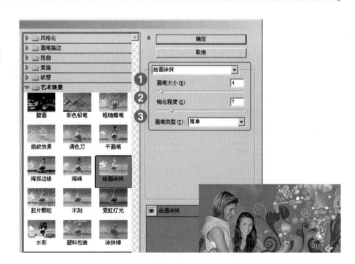

10. 胶片颗粒

在图像上分散杂点，制作出类似于老照片的感觉。

❶ 颗粒：值越大，图像上的杂点颗粒越多。

❷ 高光区域：调整高光区域范围的大小。

❸ 强度：值越大，饱和度越高，图像的颜色越亮，阴影部分也会出现杂点。

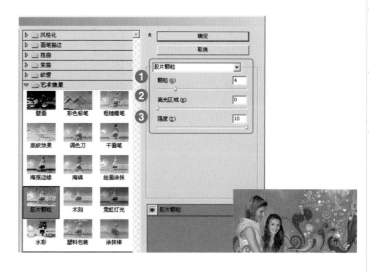

11. 木刻

制作出类似于木刻的效果。

❶ 色阶数：设置图像上表现的颜色的显示级别。

❷ 边缘简化度：设置线条的范围。

❸ 边缘逼真度：设置线条硬度。

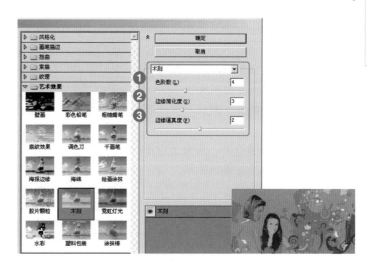

12. 霓虹灯光

将各种类型的灯光添加到图像中的对象上。此滤镜用于在柔化图像外观时为图像着色。

❶ 发光大小：值越大，霓虹灯效果应用的范围越大。

❷ 发光亮度：值越大，霓虹灯效果的亮度越大。

❸ 发光颜色：单击颜色图标，设置霓虹灯颜色。

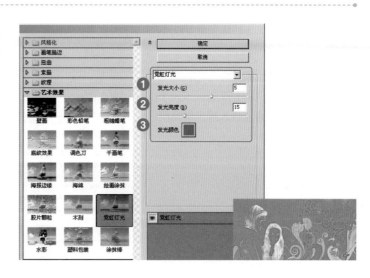

13. 水彩

制作水彩风格的图像效果。

❶ 画笔细节：值越大，画笔的细致程度越高。

❷ 阴影强度：值越大，边线处的阴影区域就越大。

❸ 纹理：调整质感的应用范围。

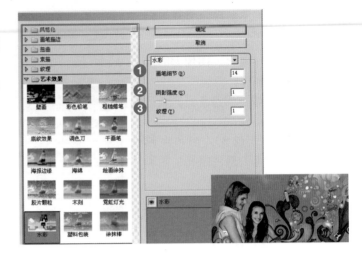

14. 塑料包装

制作出像被蒙上塑料薄膜似的图像效果。

❶ 高光强度：值越大，图像表面反射光的强度就越大。

❷ 细节：值越大，起伏不平的表面越细致。

❸ 平滑度：值越大，图像上应用的透明薄膜效果越柔和。

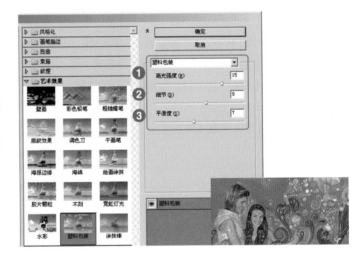

15. 涂抹棒

表现出水彩涂抹的图像效果，在制作比较暗的图像时使用。

❶ 描边长度：值越大，线条越长。

❷ 高光区域：调整高光区域大小。

❸ 强度：设置滤镜效果应用强度。

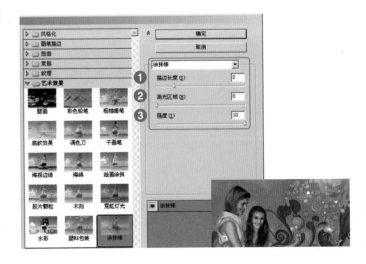

▶▶ "杂色"滤镜系列

此类滤镜可添加或移去杂色或带有随机分布色阶的像素。这有助于将选区混合到周围的像素中。在打印输出的时候，经常会使用这种滤镜。

1. 减少杂色

根据用户设置的参数，保留边缘的同时减少杂色。

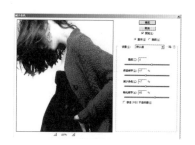

2. 蒙尘与划痕

通过更改相异的像素减少杂色。为了在锐化图像和隐藏瑕疵之间取得平衡，可以将滤镜效果应用于图像中的选定区域。

❶ 半径：值越大，可以设置越宽的像素相似颜色范围。

❷ 阀值：设置应用在中间颜色上的像素范围。

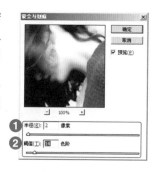

3. 去斑

检测图像的边缘（发生显著颜色变化的区域）并模糊边缘以外的区域。该模糊操作会移去杂色，同时保留细节。

4. 添加杂色

在图像上按照像素形态产生杂点，表现出陈旧的感觉。

❶ 数量：值越大，杂点的数量越多，杂点的颜色或位置可以随意设置。

❷ 分布：选择杂点分布形式。

❸ 单色：选择该复选框可用单色表现杂点。

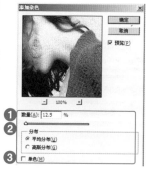

5. 中间值

通过中间值，应用周围的颜色，去掉图像中的杂点。

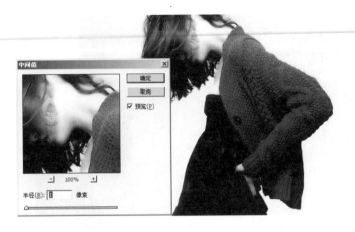

▶▶ "其他" 滤镜系列

"滤镜>其他"子菜单中的命令，可以用于创建自己的滤镜、使用滤镜修改蒙版、在图像中使选区发生位移和快速调整颜色等操作。

1. 高反差保留

调整图像的亮度，降低阴影部分的饱和度。

2. 位移

设置水平和垂直方向位移的像素值。

❶水平：横向移动图像。

❷垂直：纵向移动图像。

❸未定义区域：选择未定义的区域显示的方式。

3. 自定

通过数学运算在图像上产生变化。可以在25个区域中应用多种效果。

4. 最大值

用高光颜色的像素代替图像的连线部分。

5. 最小值

用阴影颜色的像素代替图像的边线部分。

CHAPTER

04

综合实例

01 ▶ 酷玩舞坛

　　本例制作的是一张舞蹈海报。在制作过程中主要运用光晕效果来表现出背景的炫酷，利用图层混合模式加入一些比较潮流、时尚的元素，使整个画面达到一种超炫超酷的视觉效果。

◉ **原始文件**　Ch04\Media\人物.jpg

◉ **最终文件**　Ch04\Complete\酷玩舞坛.psd

1. 新建文件

🔄 **步骤01** 打开Photoshop，执行"文件>新建"命令，或按下快捷键Ctrl+N，弹出"新建"对话框，设置参数。

🔄 **步骤02** 单击"确定"按钮，退出"新建"对话框，此时，工作区中出现了一个新的文件窗口。

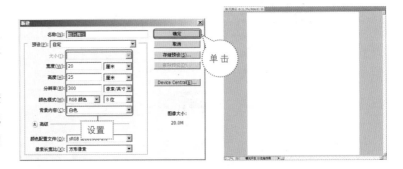

2. 制作背景

🔄 **步骤01** 在工具箱中选择渐变工具，在属性栏中单击渐变条，打开渐变编辑器，设置渐变参数，然后单击"确定"按钮。

🔄 **步骤02** 在属性栏中单击"径向渐变"按钮，在工作区中拖曳鼠标，为背景图层应用径向渐变效果。

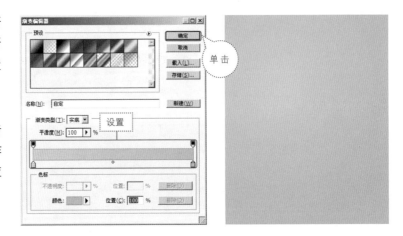

🔄 步骤03 打开本书配套光盘中的 "Ch04\01\Media\墨点墨迹.psd" 文件。

🔄 步骤04 选择移动工具 ▸+，将打开的素材图片拖入当前操作窗口中。

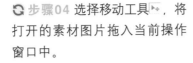

🔄 步骤05 按下快捷键Ctrl+T，出现自由变换控制框，通过拖动控制点来调整图像的大小和位置。

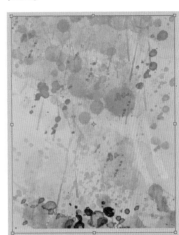

🔄 步骤06 在自由变换控制框内双击或者按下Enter键，应用自由变换效果。

🔄 步骤07 在 "图层" 面板中单击 "创建新图层" 🔲，创建一个新图层，得到 "图层1" 图层。

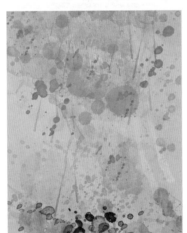

🔄 步骤08 选择椭圆选框工具 ○，在工作区中绘制椭圆选区。

🔄 步骤09 执行 "选择>修改>羽化" 命令，设置 "羽化半径" 为20。

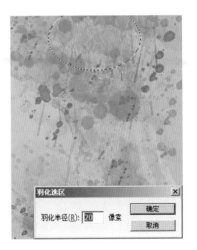

⊙ 步骤10 选择渐变工具 ■，单击属性栏中的渐变条，打开"渐变编辑器"对话框，设置渐变参数，单击"确定"按钮。

⊙ 步骤11 采用径向渐变类型在椭圆选区内应用渐变效果，按下快捷键Ctrl+D取消选区。

⊙ 步骤12 按照上述绘制椭圆形光晕的方法，继续绘制光晕，适当改变椭圆选区的大小和位置，为其应用径向渐变效果，直至达到满意效果为止。

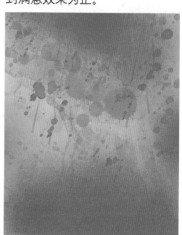

⊙ 步骤13 确保"图层1"处于选中状态，设置"图层1"的"不透明度"为85%。

⊙ 步骤14 新建一个图层，得到"图层2"，按照上述绘制红色椭圆形光晕的方法，绘制颜色RGB值为240、229、100的光晕，设置其图层的"不透明度"为65%。

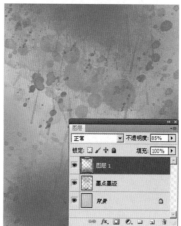

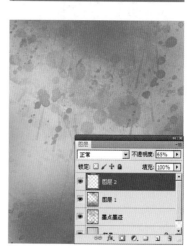

⊙ 步骤15 选中"墨点墨迹"图层，将其拖曳到图层面板下面的"创建新图层" ■上，复制图层，得到"墨点墨迹副本"图层，设置图层的混合模式为"柔光"，将其调整到"图层2"的上方。

⊙ 步骤16 参照前面绘制淡黄色光晕的方法，新建"图层3"，继续绘制光晕，设置图层混合模式为"柔光"。

3. 绘制花纹

↻ 步骤01 新建一个图层,选择
钢笔工具 ✐., 在属性栏中单击
"路径"按钮 ✐, 在工作区中单
击确定起始点。

↻ 步骤02 使用转换点工具 ⊾.,
调整路径形状。

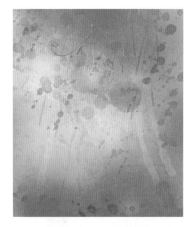
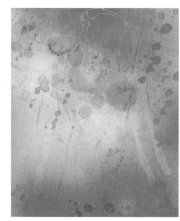

↻ 步骤03 首先按下快捷键Ctrl+
Enter, 将路径作为选区载入。

↻ 步骤04 单击前景色色块,弹
出"拾色器(前景色)"对话
框,设置前景色颜色参数,单击
"确定"按钮。

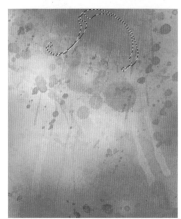

4. 使用魔棒工具进行抠图

↻ 步骤01 打开本书配套光盘中
的"Ch04\01\Media\人物.jpg"。

↻ 步骤02 双击背景图层,弹出
"新建图层"对话框,单击"确
定"按钮,将背景图层转换为普
通图层。

↻ 步骤03 选择魔棒工具 ✐, 在属
性栏中单击"添加到选区"按
钮 ▣, 设置"容差"为30,使
用魔棒工具在背景上单击。

⊙步骤04 使用魔棒工具在背景上连续单击，再结合使用套索工具 ⬡，在背景上创建选区，直至选中整个背景区域。

⊙步骤05 按下快捷键Ctrl+Shift+I,进行反选，将人物图像变换为选区，按下快捷键Ctrl+J，复制并新建图层。

⊙步骤06 选择移动工具 ⬡，将复制的图层拖入到当前正在操作的文件窗口中。

⊙步骤07 按下快捷键Ctrl+T,出现自由变换控制框，按比例缩放人物图像，且调整到合适的位置。

⊙步骤08 确保"图层13"处于选中状态，按住Ctrl键，单击图层13的图层缩览图，将人物载入选区。

⊙步骤09 单击"图层"面板下面的"创建新的填充或调整图层"按钮 ⬡，在弹出的菜单中选择"色阶"命令，得到"色阶1"调整图层，设置参数。

 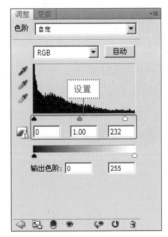

步骤10 按照上述方法，将人物载入选区，单击"图层"面板下面的"创建新的填充或调整图层"按钮，在弹出的菜单中选择"照片滤镜"命令，得到"照片滤镜1"图层，设置参数。

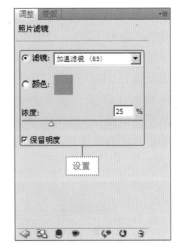

5. 制作曲线光环和半透明气泡

步骤01 新建一个图层，选择钢笔工具，在属性栏中单击"路径"按钮，在工作区中绘制曲线光环。

步骤02 按下快捷键Ctrl+Enter，将路径作为选区载入，设置前景色RGB值分别为247、254、126，填充颜色。

步骤03 按照以上所述绘制曲线光环的方法，继续绘制光环。

步骤04 按住Shift键，将所绘制的所有曲线光环图层选中，右击并选择"合并图层"命令，双击合并后图层的图层缩览图，弹出"图层样式"对话框，勾选"外发光"复选框，设置外发光参数，单击"确定"按钮。

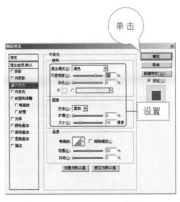

⟳ 步骤05 新建一个图层，选择椭圆选框工具⟲，按住Shift键绘制正圆，设置前景色RGB值分别为190、255、101，选择画笔工具⟲，设置画笔的"不透明度"为13%，使用画笔工具在椭圆选区的边缘进行涂抹。

⟳ 步骤06 按照上一步所述方法，设置画笔颜色和不透明度，继续绘制其他气泡。

⟳ 步骤07 将所有气泡图层编组，确保"气泡"处于选中状态，将"气泡"的混合模式设置为"穿透"。

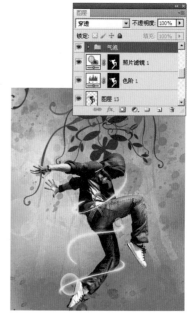

6. 添加素材图像

⟳ 步骤01 打开光盘中的素材文件"Ch04\01\Media\水珠.psd"，使用移动工具将其拖到文件窗口中，调整图像的大小和位置。

⟳ 步骤02 复制"水珠"图层，得到"水珠副本"图层，移动其位置。

⟳ 步骤03 再复制一层"水珠"图层，得到"水珠副本2"图层，按下快捷键Ctrl+T，出现自由变换控制框，对图像进行旋转。

↻ **步骤04** 打开光盘中素材文件 "Ch04\01\
Media\星光.psd"，使用移动工具将其拖入文件
窗口中，调整图像的大小和位置，将 "图层14"
调整到顶层，"星光" 图层移至 "组2" 上边。

↻ **步骤05** 以上是本例的整个操作过程，最终效
果如右图所示。

⚠ **提 示**

在制作过程中，需要抠取人物图像部分时，如果背景颜色比较单纯，则可以使用魔棒工具抠取图像。在
抠取时需要随时更改魔棒的容差大小，结合添加到选区和从选区中减去选项，准确地抠取所需图像部
分。更改图层的混合模式能够使图像之间衔接更加自然、协调，使画面整体感觉更加和谐。结合色阶命
令以及照片滤镜命令调整图像的明暗对比度和图像的色彩，使图像与整张画面色调更加搭配。
在对整张画面构图时，注意画面之间的层次关系，突出主体，使整张画面更加活泼、炫酷，突出青春主题。

02 Super Star

本案例中，我们将使用Photoshop对人物脸部皮肤进行修饰，使人物皮肤更加细腻，为人物眼睛添加多彩眼影，使眼睛神采奕奕，再根据人物整体的妆容，调整人物唇色。

本例主要应用钢笔工具和画笔工具为人物上妆，结合滤镜和调整命令美化人物皮肤并制作花朵特效，达到自然和谐的效果。

◉ **原始文件** Ch04\02\Media\人物.jpg、玫瑰花.jpg

◉ **最终文件** Ch04\Complete\Super Star .psd

1. 调整人物皮肤细腻度

🔄 **步骤01** 执行"文件>新建"命令或按下快捷键Ctrl＋N，在弹出的"新建"对话框中设置文件名为Super Star，大小为27×18cm，分辨率为300，然后单击"确定"按钮。

🔄 **步骤02** 打开光盘中素材文件"Ch04\02\Media\人物.jpg"。

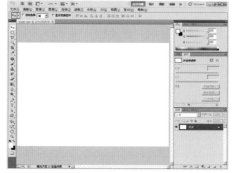

🔄 **步骤03** 选择移动工具，将打开的人物素材拖入新建文件窗口中，得到"图层1"图层。

🔄 **步骤04** 执行"编辑>自由变换"命令或按下快捷键Ctrl＋T，出现自由变换控制框，调整图像的大小和位置，在控制框内双击或按下Enter键，应用自由变换效果。

步骤05 复制"图层1",得到"图层1副本"图层,执行"图像>调整>色阶"命令,弹出"色阶"对话框,设置参数,单击"确定"按钮。

步骤06 单击"以快速蒙版编辑"按钮，然后选择画笔工具，在人物脸部除眼睛和嘴以外部位进行涂抹。

步骤07 按下Q键退出快速蒙版编辑模式,执行"选择>反向"命令,反选选区,按下快捷键Ctrl+J,复制并新建图层,得到"图层2"。

步骤08 执行"滤镜>锐化>USM锐化"命令,弹出"USM锐化"对话框,设置参数,单击"确定"按钮。

步骤09 执行"滤镜>模糊>高斯模糊"命令,弹出"高斯模糊"对话框,设置"半径"为2,单击"确定"按钮。

步骤10 执行"滤镜>模糊>特殊模糊"命令,弹出"特殊模糊"对话框。设置参数,单击"确定"按钮。

步骤11 选中"图层2",在"图层"面板中设置图层的混合模式为"变亮","不透明度"为75%。

！ 提 示

将路径作为选区载入后,需要对选区进行羽化,羽化半径越大,选区边缘色彩变化得越柔和,得到的效果越自然;反之,半径越小,边缘色彩则越坚硬,效果则越失真。

步骤12 按下快捷键Ctrl+U，弹出"色相/饱和度"对话框，设置参数，单击"确定"按钮。

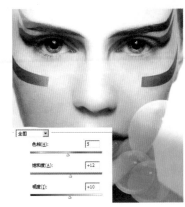

2. 给人物上妆

步骤01 在"图层"面板中单击"创建新图层"按钮，新建图层，选择钢笔工具，在人物眼窝处绘制路径。

步骤02 按照上述方法，继续绘制路径，绘制出封闭路径后选择转换点工具，依据人物眼窝形状，调整路径形状。

步骤03 按下快捷键Ctrl+Enter，将路径作为选区载入，然后执行"选择>修改>羽化"命令，弹出"羽化"对话框，设置"半径"为2，单击"确定"按钮。

步骤04 单击前景色色块，弹出"拾色器（前景色）"对话框，设置前景色颜色参数。

步骤05 选择画笔工具，在属性栏中设置合适的笔刷大小和硬度，调整不透明度，然后使用画笔工具在人物右眼眼窝部位进行涂抹，为人物添加眼影效果。

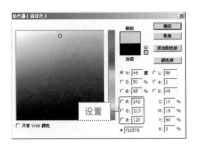

步骤06 按照上述方法，根据画面的整体效果，使用画笔工具为人物绘制多种颜色叠加或拼接的眼影效果，整体效果如下图所示。

步骤07 按下快捷键Ctrl+D，取消选区，执行"滤镜>模糊>高斯模糊"命令，弹出"高斯模糊"对话框，然后设置"半径"为20，并单击"确定"按钮。

步骤08 执行"滤镜>杂色>添加杂色"命令，弹出"添加杂色"对话框，设置参数，单击"确定"按钮。

步骤09 在"图层"面板中将"图层3"的混合模式设置为"强光"，增加人物眼睛部分眼影的亮度。

步骤10 选择"图层1"图层，选择钢笔工具，沿着人物嘴巴边缘绘制封闭路径，选择转换点工具，然后调整路径形状。

步骤11 按下快捷键Ctrl+Enter，将路径转换为选区，执行"选择>修改>羽化"命令，弹出"羽化"对话框，设置羽化半径为2，单击"确定"按钮。

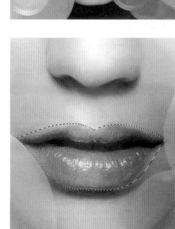

🔄 步骤12 按下快捷键Ctrl+J，复制并新建图层，按下快捷键Ctrl+U，弹出"色相/饱和度"对话框，设置参数，单击"确定"按钮。

🔄 步骤13 按下快捷键Ctrl+G，创建"组1"，将前面创建的图层拖入"组1"中，按下快捷键Ctrl+Shift+Alt+E，盖印可见图层。

🔄 步骤14 选择减淡工具🔍，在人物面部进行涂抹，调整人物脸部色调，让人物脸部效果更加立体化。

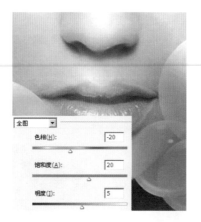

3. 添加花朵

🔄 步骤01 打开光盘中的素材文件"Ch04\02\Media\玫瑰花.jpg"，选择移动工具，将其拖入到当前正在操作的文件窗口中。

🔄 步骤02 按下快捷键Ctrl+T，出现自由变换控制框，调整图像至合适的比例大小。

🔄 步骤03 在玫瑰花上右击，弹出快捷菜单，选择"水平翻转"命令，对图像进行水平翻转，然后按下Enter键完成自由变换。

> ❗ **提 示**
>
> 此处，我们对花朵图像进行镜像操作，以方便将需要的部分进行变形操作，使其与人物脸部结合的更加贴切，以达到所需效果。

步骤04 在工具箱中选择钢笔工具，沿着玫瑰花的边缘创建封闭路径，然后按下快捷键Ctrl+Enter，将路径作为选区载入。

步骤05 按下快捷键Ctrl+Shift+I，反向选区，按Delete键，删除选区中的图像，然后按下快捷键Ctrl+D，按下快捷键Ctrl+T,调整玫瑰花的大小和位置。

步骤06 执行"编辑>变换>变形"，弹出变形控制框，通过调整控制点对玫瑰花进行变形处理。

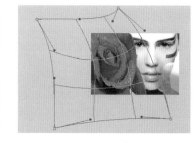

步骤07 复制"图层6"，按下快捷键Ctrl+L,弹出"色阶"对话框，设置参数，单击"确定"按钮。

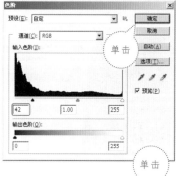

步骤08 执行"滤镜>画笔描边>阴影线"命令，弹出"阴影线"对话框，设置参数，单击"确定"按钮。

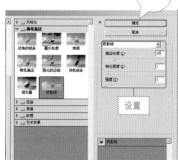

步骤09 在"图层"面板中选择"图层6副本"图层，将该图层的混合模式设置为"饱和度"。

步骤10 选择套索工具，在玫瑰花花心部分创建选区，并且适当进行羽化处理，按下快捷键Ctrl+J，复制图像并新建图层。

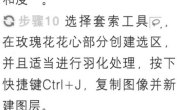

步骤11 执行"滤镜>画笔描边>成角的线条"命令，弹出"成角的线条"对话框，设置参数，单击"确定"按钮。

步骤12 选中"图层7"，将其混合模式设置为"明度"，使玫瑰花中心变亮。

步骤13 单击图层前面的眼睛图标，隐藏"背景"图层、"组1"、"图层5"以及"组2"，按下快捷键Ctrl+G，将其他图层编组，然后按下快捷键Ctrl+Shift+Alt+E，盖印可见图层，得到"图层8"。

步骤14 将隐藏的图层显示出来，选中"图层8"，按住Ctrl键单击"图层8"图层缩略图，将该图像作为选区载入，然后按下快捷键Ctrl+Shift+I，将选区反选。

步骤15 执行"选择>修改>扩展"命令，弹出"扩展"对话框，设置扩展参数为2，单击"确定"按钮。

步骤16 执行"选择>修改>羽化"命令，弹出"羽化"对话框，对选区进行适当的羽化处理，单击"确定"按钮，然后按下Delete键，删除选区中的图像，按下快捷键Ctrl+D，取消选区。

步骤17 将"组2"中所有图层隐藏，再将"图层8"的"不透明度"设置为50%，结合使用钢笔工具和转换点工具在人物脸部和花朵交界处绘制路径。

步骤18 按下快捷键Ctrl+ Enter，将路径作为选区载入，按下快捷键Ctrl+J，拷贝图像并新建图层，得到"图层9"，设置"图层9"的混合模式为"叠加"，然后选中"图层8"，按下Delete键删除选区中的图像，复制"图层9"，得到副本图层，将图层的混合模式设置为"叠加"，"不透明度"设置为90%。

步骤19 选中"图层9副本"图层，将其载入选区，利用键盘上的方向键移动选区，执行"选择>修改>羽化"命令，设置"羽化半径"为10，单击"确定"按钮，按下Delete键删除选区中的图像。

步骤20 使用钢笔工具在人物脸部与花朵衔接处绘制路径，按下快捷键Ctrl+Enter，将路径作为选区载入，按下Delete键分别删除各个图层选区中的图像。

步骤21 将"组2"显示出来，将"图层5"调整到"组2"的上边，单击"图层"面板中的"添加矢量蒙版"按钮，为"图层5"添加图层蒙版，设置前景色为黑色，选择渐变工具，选择线性渐变类型，设置前景到透明的渐变效果，在图像上应用渐变效果。

步骤22 按下快捷键Ctrl+G新建组，将"图层8"、"图层9"和"图层9副本"拖入"组3"中，然后按下快捷键Ctrl+Shift+Alt+E,盖印可见图层，得到"图层10"，新建图层，设置合适的前景色，然后使用画笔工具在花瓣边缘进行涂抹。

步骤23 选中"图层10"，将"图层10"的混合模式设置为"颜色"，"不透明度"设为80%，轻微显示出涂抹的玫瑰花颜色。

4. 添加文字

步骤01 选择横排文字工具，在工作区中输入Super Star，在属性栏中打开"字符"面板，设置字体为"方正大标宋简体"，大小为"48点"，添加"加粗"样式，选择移动工具，调整文本至合适位置。

步骤02 选中输入的文字图层，右击并选择"栅格化文字"命令，按住Ctrl键单击文字图层缩略图，将文字载入选区，选择渐变工具，打开"渐变编辑器"对话框，在预设列表中选择"洋红色"，单击"确定"按钮，从左至右为文字应用线性渐变效果。

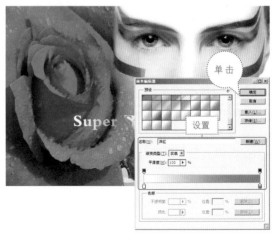

步骤03 双击文字图层，弹出"图层样式"对话框，为图层应用"内发光"和"斜面和浮雕"效果，分别设置参数，单击"确定"按钮。

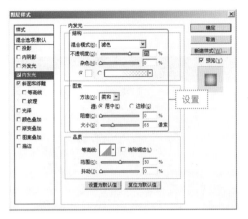

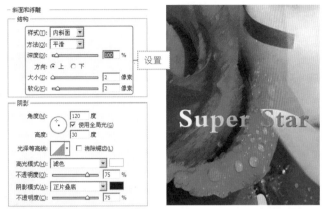

步骤04 继续输入更多文本，设置合适的文本属性，调整文本至合适位置。本实例制作完成。

！ 提 示

此实例在制作过程中所提到的快速蒙版工具，可以将任何选区作为蒙版进行编辑，而无需使用通道调板，在查看图像时也可如此。将选区作为蒙版来编辑的优点是几乎可以使用任何Photoshop工具或滤镜修改蒙版。首先创建选区，然后使用快速蒙版模式在该区域中创建蒙版。另外，也可完全在快速蒙版模式中创建蒙版。受保护区域和未受保护区域以不同颜色进行区分。当离开快速蒙版模式时，未受保护区域成为选区。当在快速蒙版模式中工作时，"通道"调板中出现一个临时快速蒙版通道。但是所有的蒙版编辑是在图像窗口中完成的，在此例中对人物脸部进行的操作中就是利用此原理。

这里我们还需了解的是使用滤镜工具中的各功能在对人物进行一系列的操作时，为了更加细化人物的皮肤，使人物皮肤更加细致，以达到画面所需表达的效果。

此外，在对人物上眼妆的过程中，需要适时的更换前景色值、画笔的大小和不透明度，使人物眼部眼影更加鲜明、多彩，符合时尚达人的主题。

03 ▶ 香水人生

本例使用Photoshop CS5将各种图像素材与整体画面完美融合。

操作过程中将使用通道抠图，应用图层混合模式，并调整图像的色彩，使整个画面达到相互映衬的和谐效果。制作时要特别注意色彩的调整搭配，制作出满意的效果。

▶ 原始文件　Ch04\Media\香水.psd

▶ 最终文件　Ch04\Complete\香水.psd

1. 准备素材

🔄 **步骤01** 执行"文件>新建"命令或按下快捷键Ctrl+N，在"新建"对话框中设置参数。

🔄 **步骤02** 单击"确定"按钮，退出"新建"对话框，此时，工作界面中出现新的文件窗口。

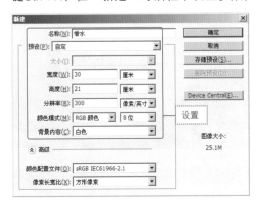

🔄 **步骤03** 执行"文件>打开"命令或按下快捷键Ctrl+O，打开光盘中素材文件"Ch04\03\Media\背景.jpg"。

🔄 **步骤04** 选择移动工具，将打开的背景素材拖入当前操作的文件窗口中，得到"图层1"。

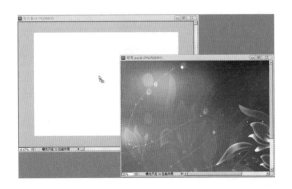

● 步骤05 执行"编辑>自由变换"命令或按下快捷键Ctrl+T，出现自由变换控制框，调整背景图像的大小和位置，在控制框中双击或按下Enter键，应用自由变换效果。

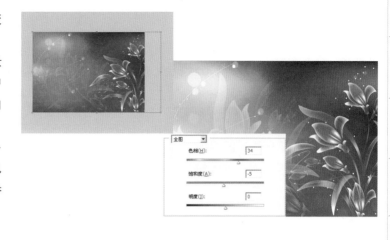

● 步骤06 执行"图像>调整>色相/饱和度"命令，弹出"色相/饱和度"对话框，设置参数，单击"确定"按钮。

2. 制作光晕效果

● 步骤01 单击"图层"面板中的"创建新图层"按钮，新建一个图层，选择椭圆选框工具，在属性栏中单击"从选区减去"按钮，绘制椭圆选区。

● 步骤02 执行"选择>修改>羽化"菜单命令，设置"羽化半径"为5，然后单击"确定"按钮。

● 步骤03 单击前景色色块，弹出"拾色器（前景色）"对话框后，设置前景色颜色RGB值分别为207、173、62，单击"确定"按钮，按下快捷键Alt+Delete，填充颜色，按下快捷键Ctrl+D，取消选区。

● 步骤04 按下快捷键Ctrl+T，出现自由变换控制框，通过拖动控制点调整图形形状，将其移至合适位置。

● 步骤05 按照上述方法，继续绘制椭圆选区，对选区进行适当羽化操作，设置颜色RGB值分别为54、41、8，对图形进行适当的调整。

● 步骤06 依次类推，按照相同的方法继续绘制其他椭圆色带，形成水晕效果。

⊙步骤07 按住Shift键，依次
单击绘制的所有光晕图层，右击
并选择"合并图层"命令，将所
有光晕图层合并为一个图层，双
击图层名称，修改图层名称为
"光晕"。

⊙步骤08 确认"光晕"图层处
于选中状态，将"光晕"图层的
混合模式设置为"滤色"。

3. 添加花朵效果

⊙步骤01 按下快捷键Ctrl+O，
打开光盘中素材文件"Ch04\03\
Media\花.psd"，选择移动工具
，将打升的花朵素材拖入到当
前文件窗口中。

⊙步骤02 按下快捷键Ctrl+T，
出现自由变换控制框，通过拖动
控制点调整图像大小且将其移至
合适位置。

⊙步骤03 双击"花"图层，弹
出"图层样式"对话框，勾选
"外发光"复选框，设置参数，
单击"确定"按钮。

⊙步骤04 按住Alt键拖动复制
花图像，按下快捷键Ctrl+T，出
现自由变换控制框，按比例适当
地缩放复制的花图像，在控制框
内右击，然后选择"水平翻转"
命令。

⊙步骤05 再次在自由变换控制
框内右击，选择"扭曲"命令，
通过拖动控制点调整图像形状。

步骤06 选择套索工具 ⊘ ，在属性栏中设置羽化半径为5，在复制的花图像上建立选区，按下 Delete键删除选区内图像。

步骤07 使用套索工具再次在花图像上建立选区，按下快捷键Ctrl+J。

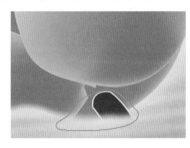  

步骤08 按下快捷键Ctrl+T，出现自由变换控制框，在自由变换控制框内右击，选择"水平翻转"命令，对图像进行适当的旋转，再次右击控制框，选择"扭曲"命令，调整图像形状，调整图层至"花副本"图层的下面。

步骤09 按照上述方法，继续完善花朵图像，按住Shift键，依次选择"花副本"、"图层2"和"图层3"图层，右击并选择"合并图层"命令，设置图层的"不透明度"为50%。

步骤10 按住Shift键选择"花"和"花副本"图层，右击并选择"合并图层"命令，为图层添加矢量蒙版，设置前景色为黑色，选择渐变工具 ■ ，选择线性渐变类型，设置前景到透明的渐变效果，在图像上应用渐变效果。

步骤11 确保"花副本"图层处于选中状态，设置图层的混合模式为"滤色"。

步骤12 单击"图层"面板中的"创建新图层"按钮 ▣ ，新建一个图层，单击钢笔工具 ⬧ ，在工作区上单击确定起始点，绘制封闭区域，使用转换点工具 ⬐ ，调整图形的形状。

步骤13 设置前景色为白色，按下快捷键Ctrl+Enter，将其转换为选区，按下快捷键Alt+Delete，填充颜色，按下快捷键Ctrl+D，取消选区。

◎步骤14 选中上一步绘制的图形图层，设置其"不透明度"为14%。

◎步骤15 按照前面所述方法，继续绘制图形，填充颜色，设置不透明度。

◎步骤16 按住Shift键，将以上所绘制的所有图形图层选中，右击并选择"合并图层"命令，重命名为"光束"，设置混合模式为"滤色"。

4. 利用通道抠图，为人物制作特效

◎步骤01 按下快捷键Ctrl+O，打开光盘中素材文件"Ch04\03\Media\人物.jpg"，然后打开"通道"面板，复制"红"通道，得到"红副本"通道。

◎步骤02 执行"图像>调整>色阶"命令，弹出"色阶"对话框，设置色阶参数，单击"确定"按钮。

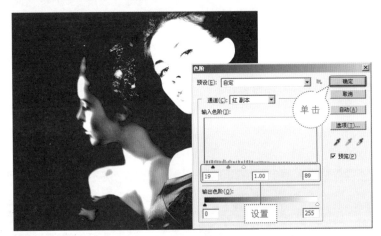

（!） 提 示

利用通道抠图时，通过对比"红"、"绿"、"蓝"这三个通道，选出黑白对比较强烈的一个进行复制，然后再调整色阶，使其对比更加鲜明。如果尚未达到所需效果，还可使用橡皮擦工具达到满意效果。

◯ 步骤03 设置前景色为黑色，单击橡皮擦工具 ✐，在右侧人物图像上涂抹，直至将整个人物完全涂为白色，再次设置前景色为白色，使用橡皮擦工具将背景和另一个人物涂为黑色。

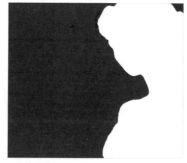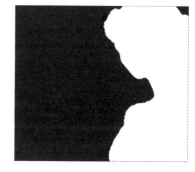

◯ 步骤04 选中"红副本"通道，按住Ctrl键，单击红副本通道的缩览图，将人物图像载入选区。

◯ 步骤05 单击RGB通道，返回"图层"面板，按下快捷键Ctrl+J，复制图像并新建一个图层。

◯ 步骤06 单击移动工具 ⊕，将抠出来的人物图像拖入当前正在操作的文件窗口中，按下快捷键Ctrl+T，出现自由变换控制框，通过拖到控制点调整图像的大小，且将其移至合适的位置，双击图层名称，将其修改为"人物"。

◯ 步骤07 确保"人物"图层处于选中状态，双击"人物"图层，弹出"图层样式"对话框，勾选"外发光"复选框，设置发光参数，单击"确定"按钮。

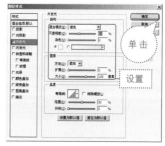

○ 步骤08 确保"人物"图层处
于选中状态，按住Ctrl键，单
击"人物"图层的缩览图，将
人物载入选区，单击"图层"
面板中"创建新的填充或调整
图层"按钮 ，在弹出的菜单中
选择"色阶"命令，得到"色
阶1"调整图层，设置参数。

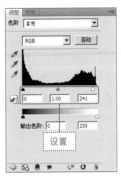

○ 步骤09 按照上一步所述方
法，将人物载入选区，单击"图
层"面板中"创建新的填充或调
整图层"按钮 ，在弹出的菜单
中选择"色彩平衡"命令，得到
"色彩平衡1"调整图层，设置
参数。

○ 步骤10 新建一个图层，选择
椭圆选框工具 ，在工作区中绘
制一个椭圆选区。

○ 步骤11 选择渐变工具 ，打
开"渐变编辑器"对话框，设置
渐变参数，单击"确定"按钮。

○ 步骤12 在属性栏中单击"径
向渐变"按钮 ，为图形应用
径向渐变效果，按下快捷键
Ctrl+D，取消选区。

○ 步骤13 确保"图层2"处于
选中状态，按住Ctrl键单击"人
物"图层的缩览图，载入选区，
按下快捷键Ctrl+J，复制图像并
新建图层，得到"图层3"。

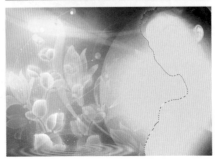

⟳ **步骤14** 选中"图层2",按下Delete键删除"图层2",选中"图层3",设置"图层3"的混合模式为"柔光"。

5.制作其他素材

⟳ **步骤01** 打开光盘中素材文件"Ch04\03\Media\香水.psd",单击移动工具⊞,将打开的香水素材拖入当前正在操作的文件窗口中,按下快捷键Ctrl+T,调整图像大小,且移至合适位置。

⟳ **步骤02** 确保"香水"图层处于选中状态,单击"图层"面板中"添加矢量蒙版"按钮◻,给"香水"图层添加图层蒙版,设置前景色为黑色,单击渐变工具▣,选择线性渐变类型,设置前景到透明的渐变效果,在图像上应用渐变效果。

⟳ **步骤03** 按住Ctrl键,单击"香水"图层的缩览图,将香水图像载入选区,单击"图层"面板中"创建新的填充或调整图层"按钮◢,在弹出的菜单中选择"色阶"命令,得到"色阶2"调整图层,设置参数。

⟳ **步骤04** 复制"香水"图层,得到"香水副本"图层,执行"编辑>变换>垂直翻转"命令,使用键盘上的方向键将其移至合适位置。

⟳ **步骤05** 确保"香水副本"图层处于选中状态,将其混合模式设置为"正片叠底"。

⟳ **步骤06** 打开光盘中素材文件 "Ch04\03\Media\素材.psd"，单击移动工具 ，将打开的素材图片拖入到当前正在操作的文件窗口中，按下快捷键Ctrl＋T,适当调整图像大小，且将其移至合适位置。

⟳ **步骤07** 确保素材图层处于选中状态，设置其混合模式为"颜色减淡"。

⟳ **步骤08** 打开光盘中素材文件 "Ch04\03\Media\星光.psd、蝴蝶.psd"，单击移动工具 ，将打开的素材图片拖入到当前正在操作的文件窗口中，按下快捷键Ctrl＋T,调整图像至合适的大小，且移至合适位置。

⟳ **步骤09** 选中蝴蝶图层，设置其混合模式为"滤色"。

⟳ **步骤10** 调整图层顺序，将"星光"图层移至"光晕"图层的上边。

⟳ **步骤11** 以上为本例的整个操作过程，最终效果如右图所示。